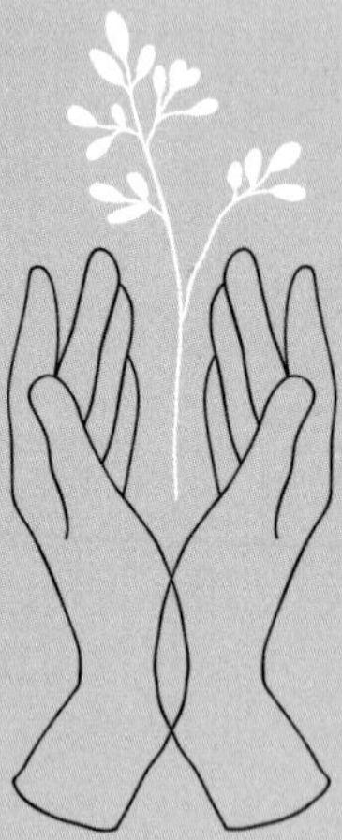

從零開始打造月經平權

谷慕慕 GoMoond 著

從使用者到創業家，
台灣第一本生理用品發展紀錄

推薦序

為女人開創了友善貼身的世界

成令方（高雄醫學大學性別研究所教授退休、台灣基進性別發展部顧問）

二〇二〇年奧運羽球銅牌得主辛度（Pusarla Venkata Sindhu），就是那位在戴資穎被北京選手擊敗後主動向前問候、個性十分熱情的女孩，同時也是印度推廣女子健康教育的明星。她一直告訴印度女性，「月經只是月經。」女性的夢想可以成為力量，展開雙翼飛向高空，不要讓「月經」阻撓女性的夢想。

至今許多社會仍認為月經是女人骯髒的產物：當月經來時，女性最好不要運動，也不要去公共場所，特別是神廟，要安靜乖乖的在家靜養。上述這些觀念都是父權社會污名化女性身體的說法，然而許多印度女性都聽信這樣的謬論，早期台灣女性也接受類似的說法。

性別平等教育中，有一樣核心項目是練就「女性身體自主」的能力。反對對月經的污名之後，進一步就是讓女性不受月經的困擾。看到這本小書的出現，真是開心。終於，讓女性長年煩惱的月經，經由創意設計的改善，可以轉化為如此親近愉悅的經驗。

現在市面上充滿多元的生理用品，除了大多數人使用的衛生棉、以及使用族群相對小眾的棉條之外，近幾年又出現了月亮杯、吸血內褲，今後還可能出現月經碟片（還在集資籌備期）。雖然這些生理用品都源自歐美，但是台灣一群有行動力的女性進行改造設計，讓這些用品可以更加符合台灣女性的身體感受。

這本書敘述的是十多年來，有一群女性討論如何讓月經來潮時，經血的處理可以更加自在和方便。

在其他國家似乎還不曾見過如此豐盛熱鬧的活動。為什麼呢？我認為是台灣年輕一代女性對月經污名的抗議行動，渴求與其他女性分享自己的「祕密」，材料製作科技的進步，還有創業者的熱情感動號召了許多追隨者。十多年的累積，這股找回自己身體自主的力量，匯集成微型創業的經濟活動。於是，台灣的月經創業家出現了，成就了自己與她人。

月經科技的教母凡妮莎一開始以寫文章做月經教育，推廣棉條的使用，牽動了這段神奇的歷史。有點可惜，這本書沒有收錄她早年的「史料」，以至於讀者很難感受到當年的壓抑處境。

二〇〇八年林念慈在尼泊爾學習到布衛生棉，引進台灣，這溫馨的理念，至今仍有很多迴響；二〇一〇年凡妮莎成功轉型成微型企業家，成立「凱娜 KiraKira」品牌出售導管棉條，在保守的十年前，真是令人耳目一新；幾年後，凡妮莎又製作適合台灣女性使用的月亮杯，在她的牽引下，參與月亮杯專案的史文妃與陳苑伊決定成立「谷慕慕 GoMood」，共同研發吸血內褲。

這樣密切的推陳出新，一波又一波的展現創意，背後的辛酸自是千言萬語難以道盡；但我看到的卻是豐厚滿滿的姐妹情誼。不僅是這幾位創業家之間相互支援扶持，還有許多死忠熱情的追隨者，給予無價的使用資訊和鼓勵，讓她們持續走下去。

這一切，在女人之間開出了美好的花，而且是花團錦簇的芬芳。

女人珍愛自己獨特的月經經驗，再女性主義不過了。

推薦序

一段與女性息息相關的歷史

楊佳羚（高雄師範大學教育學院性別教育研究所副教授）

我到國中都還跟媽媽一起洗澡。還記得當年看著自媽媽下體流出來的血，她邊跟我說「這就是查某人佇咧『洗』」——感覺這就是再正常不過的、每個月的女性淨化過程，而讓我對於月經毫不陌生，也沒有所謂「污穢」的感覺。對於青春期身體的變化，我沒有像《俗女養成記》的陳嘉玲一樣，因為來初經而害怕，或因為衛生棉掉落而怕被男同學取笑的成長記憶。

我的女兒因為從小就看我用棉條，她曾問我：「那會痛嗎？」我跟她解釋，因為有經血，陰道裡面滑滑的，所以放進去不會痛。女兒第一次來月經是在加拿大參加水上營隊的前一晚，我開心地恭喜她長大了，並稱讚她處女座超前布署的個性——當時我們在朋友僻靜的湖邊小屋，要不是女兒隨時帶了棉條小包包，還真不知一時要去哪裡買棉條呢！也幸虧她一直覺得用棉條是理所當然的事，她在水上營隊的活動完全不受影響。

女兒小學五年級時，曾建議六年級的學姐用棉條。她在一群女孩面前大方討論月經，但也是在那時，她才第一次發現原來公開討論月經的方式會造成學姐困擾，而讓我在事後跟她說明：「其實你沒有錯。但因為不是每個人家裡都可以這麼自在談月經，所以如果學姐不自在時，我們就用比較像悄悄話的方式，讓學姐不尷尬好嗎？」這樣的經驗也才讓她回想起，小學四年級時曾有男同學回家想問媽媽月經的事，居然就被姐姐打頭、被媽媽罵。這讓我們了解，原來我跟我女兒的經驗，不見得是想當然爾或普遍的經驗。

看我女兒在學校的「月經教育」經驗，大概跟卅多年前我的經驗相去不遠——除了因為現在孩子發育得早，學校健康教育提早教月經之外，仍多由衛生棉廠商到校跟女生宣講。然而，這樣的月經教育是有問題的，因為身為男生，也需要知道月經；身為女生，也應該知道除了衛生棉之外的生理用品。

這本書是台灣第一本生理用品發展史，讓我們看到台灣如何透過許多個人的努力，除了開發環保舒適的布衛生棉、還歷經「開疆闢土」的時期，從國外帶回到申請生產棉條、集資做出台灣的月亮杯，到發展出月亮褲的精采過程。如同作者所說，月經陪伴多數女人的大半輩子，但教科書總只把它當成「具生育能力的指標」或「『失敗』的懷孕準備」，而社會仍存有對月經的迷思，如認為女人來月經是「不乾淨的」或會因經前症候群而情緒失控；或認為月經是麻煩的東西。然而，這本小書以歷史、人類學與社會學的研究告訴我們，女性對於月經的相關禁忌有不同的看待方式：例如「月經來時不准祭拜」反而成為媳婦不需準備祭拜用品的「免役」理由——這跟非洲國家某些部落的「月經小屋」一樣，雖然有人認為它是將女性「隔離」、壓迫女性的設施，但其實也可能是女性長輩傳承月經與性知識，以及讓女性得以從繁重家務農務中「偷閒休息」的地方。這本書也呈現了女性需求如何因為「不具賣點」而難以成為大公司想再積極改良開發的面向，而需要眾女之力，讓台灣從「禁止在網路擅自販賣棉條」到現在超市藥妝店都可以買到各式棉條、月亮杯等多種選擇的國家。而這些先行者，不論是林念慈或凡妮莎等人，都成為國內性別所或性別相關課程的重要講師，她們不只談不同的生理用品，也談更以女人身體感知為中心的月經教育，讓我們知道如何與月經及我們的身體相處，如何嘗試、挑選適合自己的生理用品。

如果你是老師，我誠摯推薦可以用這本書來談科技與社會，探討與女性息息相關的生理用品改革為何遲滯、又因何發展；可以在健教課或社會課談月經迷思、不同生理用品選擇，或在生涯規畫課用來作為「女性創業」的實例。如果你是一般讀者，我誠摯推薦可以透過這本書讓你更了解月經、更知道店裡架上琳瑯滿目的生理用品是如何創發出來的。而我，身為媽媽，我正打算把這本書送給我女兒，讓她用以對照自己的生理用品使用經驗，並且可以試試我們還未嘗試的月亮褲，以及看看能否透過這本書談的細節，把「未竟」的月亮杯試用旅程完成。

月經的刻板印象所造成的污名及羞辱，已經嚴重影響女人及女孩各方面的人權，包含她們應享有平等、健康、居住、水源、公共衛生、宗教或信仰自由、安全和健全的工作場合，以及在沒有不公平待遇的情況下參與文化及公共生活。

——引自聯合國人權專家於 2019 年 5 月 8 日國際婦女節發出的聲明〈國際婦女節——2019 年 5 月 8 日 女性經期健康再也不該是禁忌〉（International Women's Day - 8 March 2019 Women's menstrual health should no longer be a taboo）[1]

1　來自聯合國人權高級專員辦公室網站：https://www.ohchr.org/EN/NewsEvents/Pages/DisplayNews.aspx?NewsID=24256&LangID=E

作者序

近距離記錄生理用品科技的第一現場

谷慕慕

從小到大，我們所認知的生理用品，大多跟衛生棉是畫上等號的。年輕的我們並不知道生理用品的選擇可以很多種，當時能夠選擇的，大概只有衛生棉分成日用、夜用、量多、量少、網狀表層，以及棉質表層。直到二〇〇八年前後，台灣開始有人討論布衛生棉，並且透過手作市集或者早期的廠商如「甜蜜接觸SweetTouch」、「櫻桃蜜貼cherryp」等購入。「衛生棉」或者「生理用品」的定義開始產生變化，我們不再只有市售衛生棉可以選擇。

布衛生棉的興起，與環保風氣有很大的關聯，最初，許多人是為了減少垃圾、減塑等理由，開始嘗試這個商品。當然也是在很後期，我們才透過本書的各式採訪理解到，許多人是因為使用市售衛生棉的不通風、悶熱、長濕疹，而需要布衛生棉這個選項。然而當時若要蒐集到相關資訊，往往還是與環保有關。那女性呢？女性的需求被放在什麼位置思考？好像隱隱約約還少了這一塊。台灣在滿足社會需求之前，似乎將女性的角色隱蔽於其中。

如同這本書中所寫到的，即便「凱娜 KiraKira」衛生棉條的創辦人曾穎凡（Vanessa，下稱凡妮莎）在二〇一〇年推出台灣的第一個導管棉條品牌，社會還是將凡妮莎包裝成一個「成功的女企業家」，鮮少去看到她在背後對於月經教育或者是兩性教育的付出。直到二〇一五年前後，台灣第一個月亮杯的群眾集資專案上線，透過集資，似乎開啟了一個新的討論管道，「重視女性經期感受」的風氣，才隱隱約約有了轉變。

本土研發的台灣月亮杯「月釀杯 Formoonsa Cup」，代表的不僅是取代棉條、取代衛生棉的環保用意而已，它同時代表一名女性可以擁有從市售衛生棉、布衛生棉、棉條到月亮杯等多元的選擇。直到二〇一七年，集資兩年後月亮杯終於正式上市，台灣社會對於女性權益的重視、或者說性別平權的討論程度，也才逐漸受到重視。

我們自己的品牌「谷慕慕 GoMoond」也是創業於二〇一七年，一開始叫作「望月女子谷慕慕 Good Moon Mood」，希望讓每個人重新看待生理期，每個月都 Good Moon Mood。在創業前，我們各自在台灣月亮杯群眾集資專案中扮演不同角色，陳苑伊是產品設計師，史文妃是專案企畫經理，長期投入生理用品的推廣都超過十年。

早在二〇〇五年前，我們就已經是棉條與月亮杯的使用者了，也見證過棉條的黑暗期——那是凱娜產品上市前，且導管棉條在網路上販售尚屬違法，大家只能出國時購買或者私下購買，並且愛好者會自製使用說明，相對來說群體非常團結的日子。我們見證了棉條從私下販售到本土棉條上市、能在網路購買、再到月亮杯群眾集資開跑、網購連署、最終取得執照上市的每個環節，這激發我們希望帶給台灣女性更多的選擇——既然有了布衛生棉、導管棉條與月亮杯，在大家的努力下，這些多元生理用品也越來越在台灣市場為人所認識，那為什麼不加入吸血內褲呢？

二〇一八年八月，我們推出台灣第一件吸血內褲品牌「月亮褲」，三天內售出三千五百件。這告訴我們一件事：台灣並非沒有市場，而是過往的人未曾想過，如何帶給女性更舒服且多元的選擇。

台灣的月經科技相較國外是特別的，在海外，往往是衛生棉大廠如好自在（P&G）、靠得住（Kimberly-Clark）、蘇菲（Unicharm）等帶動不同品類的使用，如導管棉條等，可是在台灣，受限於社會風氣的保守（買個衛生棉還要用紙袋遮遮掩掩，而且大家還認為藥妝店這個舉動非常貼心！），以及市場規模的限制。反而是由民間的一個個使用者開始自行研發創業，像是「甜蜜接觸 CherryP」的 Cherry，也像是「凱娜」的凡妮莎，更像是「谷慕慕」的我們。相較歐美，台灣是透過獨立品牌去撐出市場的改變。大廠往往受限於品牌利益或者熟知這塊市場過於小眾，而缺乏心力投入。因此，從二〇〇八年研發布衛生棉的風氣逐漸養成起算，可以說近十三年的生理用品市場轉變，是由個人、也就是每個新創者來帶起的產業革命。

不僅如此，對於月經教育或性教育也是。儘管市售衛生棉的廠商、或者國中小學的課本，有些許的月經教育或性教育的環節；然而不免還是略微含糊、一知半解。我們認識的每個女生，幾乎都是從初經來開始，才有意識地學習月經的意義，以及該如何與它相處。

月經教育的缺乏，一直是台灣生理用品研發者的缺憾，也是因為這樣，凱娜與谷慕慕在創立品牌後，幾乎將一半以上的心力花在教育推廣，盡力與所有的女孩溝通什麼是月經、什麼是性、我們該如何正確認識自己的身體。畢竟，月經是個會陪伴我們一生長達三、四十年的生理現象，我們不應該因為羞怯或者風氣保守就略過不談，如何照顧自己、喜歡自己，也在每個女性的人生功課之中。台灣第一個以月經議題為核心的非營利組織「小紅帽 Little Red Hood」也是在這樣的社會氛圍下嶄露頭角讓關注月經的運動逐漸推廣至各地，也讓女性權益與性別教育，都能伸展到全台灣。

事實上，只有重視自己的感受、讓自己過得更舒服，才更能夠懂為什麼談論月經、談論性別，以及爭取性別平權如此重要。

也可以說，台灣月經科技的進展，跟性別意識的演進，有著千絲萬縷的關聯。如果沒有女性開始重視自身權益（無論是像月經科技這樣讓自己過得舒服的產品研發，或者是任何法律上諸如受教權、工作權的權益），搭配學界、社運界多樣化的探討與抗爭，那麼就不會有現今能夠號稱亞洲最進步的女權社會，以及最為豐富多姿的台灣生理用品市場。

二〇一九年，谷慕慕出品月亮褲在香港、日本等地上架，生理用品的多元，也成為台灣生理用品發展歷程的一環。

親身走過這段日子的我們，不禁自問：該如何記錄台灣這個特別的生理用品市場？它不僅證明獨立品牌也能在大廠之下順利生存，證明月經教育對於一個時代的重要性，甚至證明台灣的月經科技有向海外拓展的無限可能。我們起心動念要做出一本書，記錄這些創業現場、每個創業者所抱持的理念，同時，也在學術角度之外，給台灣的生理用品發展史畫出一個近距離的觀察角度。

從二〇二〇年的動念、到二〇二一年的大量採訪、撰稿、攝影，到二〇二二年的成書出版，耗時兩年的時間，孕育這本台灣生理用品發展史。我們希望它見證的不只是生理用品研發者的熱情，同時也見證台灣的生理用品市場如何從單一性到百花齊放，並且，也希望讓閱讀的妳／你知道，台灣多元的生理用品選擇與台灣的女權樣貌，都是最值得讓人驕傲的里程碑。

推薦序　為女人開創了友善貼身的世界——成令方　4
推薦序　一段與女性息息相關的歷史——楊佳羚　7
作者序　近距離記錄生理用品科技的第一現場　谷慕慕　12
導　論　回顧台灣女性的月經文化　20

CH1　不方便的生理期——棉條與布衛生棉的日常使用

1　大眾如何理解月經的醫學常識　34
2　憂慮月經——被隱蔽的身體感受　41
3　不能使用衛生棉的人——布衛生棉品牌「櫻桃蜜貼」的故事　47
4　棉條黑暗期　58

CH2　讓藥妝店有棉條——本土棉條品牌的誕生

1　棉條跟玉米澱粉杯蓋，選哪項投資？凡妮莎的商業難題　74
2　國家對小棉條的看法——高標準的醫療器材製程　83
3　獨立品牌的兩難——成本與獲利的抉擇　92

CH3 縮短台灣擁有月亮杯的旅程
1 台灣女子如何擁有月亮杯 104
2 Formoonsa Cup，月亮杯群眾集資上路 111
3 當我們製造月亮杯，我們在製造什麼 118
4 我是新手怎麼辦？教學杯跟官方討論區 136

CH4 彷彿經期少兩天的月亮褲
1 與陌生人在「虛擬化妝間」相遇 142
2 「谷慕慕」的創立——讓「月亮褲」改善你的經期品質 146
3 讓我們快樂談論月經——月經教育與推廣 166
4 月經本該是人們的重要話題 177

結論 讓月經富裕不再是夢想 189
致謝 197

導論

回顧台灣女性的月經文化

女性對於月經的態度還能有什麼變化嗎？我們身處以衛生棉為主流的使用情境，早已習慣衛生棉廣告中「男友貼心幫買衛生棉」、「宛如姐妹一樣」、「只有女生最知道」、「自由自在」、「極致的呵護感受」、「終能一夜好眠」等訴求，這些形容反向說明月經帶來的不適——有人可能會經痛，需要妥善照顧跟調養，同時經期間移動、使用中摩擦跟睡眠的不便，也著實心煩。經期不只是個別經驗，同時也是文化形塑的特定產物。手邊若只有衛生棉的選項，我們就會因為自身經期的差異，以及搭配使用衛生棉的情境，產生對經期以及經血的特定看法。然而衛生棉以外的生理用品，有沒有可能帶來另一種理解月經的文化？要是藉機換位思考，改用比較少人用的棉條，情況是否會有所不同？

這時不妨問自己一個問題：自己是幾歲時能一眼認出棉條？又是受誰影響？台灣今日年輕女性，大多不是從家庭、學校等社交圈知道棉條為何物，比較可能是從歐美影視作品中看來。這小小一管，要是沒人解釋，還真想不到它為何會「好用」：它容易置入陰道又取出來嗎？會不會容易髒手？單就向誰請問該如何使用棉條，又能跟誰討論跟分享有關棉條的資訊，就呈顯美國跟台灣經期文化的落差——在生理用品中，棉條對美國女性而言是常見的選項，但對台灣女性並非如此，會使用棉條的人不多，使用者可能互不相識，就連親友間也不知情，也就是說，使用棉條的文化在台灣曾經是隱形的。

棉條出現在美國熱門影視作品中時，不會只是因為劇中角色月經來了，遭遇月經並處理月經的腳本，還同時反映出棉條具備的社會意義：一個是棉條在女性之間的傳遞，美國知名影集《慾望城市》（*Sex and the City*, 1998-2004）裡，女主角之一的凱莉會若無其事地從手提包裡拿出導管棉條，借給公共廁所裡偶然相逢的陌生人；第二個是男性對於棉條的一無所知，青春校園喜劇電影《足球尤物》（*She's the Man*, 2006）中，女扮男裝、假扮哥哥進入男足球隊的女主角薇拉，為了蒙混過關，裝傻將手中的棉條拿來止鼻血。《慾望城市》的凱莉將棉條遞給陌生人，直接預設對方也知道怎麼用，顯示的是棉條的普及與處理月經的習以為常，即便是完全不相識的陌生人，也因為生理性別相同，能想像對方在月經來時，有多困窘，又需要怎樣的幫助；

《足球尤物》則是拿棉條開玩笑，女主角薇拉掩飾自己的性別，周遭男性無法察覺。這背後潛藏著一種想法：只要沒有月經，或者只要月經不再使女人困擾，女人跟男人或許並沒有那麼大的差異。因此薇拉不只是因為戲劇效果，佯裝不知棉條的正確使用方式，而是乾脆裝作不知道生理用品為何物，強化女扮男裝下更男孩特質的那一面。

棉條的不可見，使人聯想到月經的不可見，或者說，暗示月經是專屬女人的話題，不需要讓男人知道。我們多少都能感受到，隱隱有種社會氛圍，很避諱公開討論經期的不便，不要彰顯跟女性生理有關的困擾，以免反而強化女性弱勢的刻板印象。月經的不適使人想到的不是女人正在受苦，而是女人的表達被視為不當的情緒管理跟示弱。[2]因此許多女性並不想讓他人知道她來月經，或者因月經外漏而出醜，或者在提起月經時，反而聯想到生殖——所以，你現在沒懷孕啊。這樣一想，讓女人生活更順遂的生理用品並未一舉讓月經就此變順利、經期宛若不存在。棉條的設計本來是為了要直接減少外漏跟沾染衣物的不適，但是使用棉條的人，卻仍感受到月經的污名跟禁忌，更不想要讓別人知道自己使用棉條，社會對於棉條的想像也就更貧乏。

從此回看台灣的社會氛圍，我們可以進一步思考，特定的月經觀念如何形成？整

個社會對月經的不友善，使公開討論相形困難。翻開市面上的性別議題書，以及台灣婦女與性別研究論著，皆能發現種種關於月經污名化與月經禁忌的闡述。這些資料顯示出一種很普遍的心態：無論月經是否造成不適，或者對於生理期的態度是正面抑或是負面，月經都是不該被看見的東西。融合學者如張玨等人[3]以及張菊惠[4]、莊佩芬[5]等人的研究，我們能夠發現月經之所以被隱蔽的社會成因，一是負面的月經經驗，女性自小就必須遮遮掩掩地換衛生棉，連去廁所更換也要找其他理由，以免被人發現，就連跟人解釋都覺得困窘；二是經期不適的成因有很多，改善之法莫衷一是，往往在談話之間歸諸個人生活習慣。傳統的月經禁忌多從保健衛生著眼，囑咐女人應時時保持清潔，避免污穢，把月經跟不衛生對等看待，容易使得女性自我厭惡、迴避談論，也讓男性對月經一無所知。

學者翁玲玲[6]爬梳漢人的月經禁忌及女性應對月經的態度變化。傳統漢人社會，有月經的女人不宜祭祀，而受訪者對於這個禁忌的想法略有不同：有人認為月經來時身體比較虛弱，在家休養比較適合；也有人認為月經來時去祭拜，神明也不會知情；但也有人不是那麼相信這些禁忌，但寧可信其有，在處理事情時隨社會習俗行動。從受訪者口中可以區分出月經的生理意義跟社會意義，有人認為當時月經來，生理用品沒那麼好用，走在路上會很容易被發現穿著月事布，又怕會漏，出門很不方便，乾脆少出門；但也有人認為月經不帶負面感受，只是別人這樣想的話，也要顧及他人的想法。對她們而言，處理月經並不污穢，卻有各自面對禁忌的因應之道，比如這樣婆婆就不會叫媳婦準備拜拜；或者大家都要一起拜拜時，就在心裡跟神明請例假，表面裝作沒事發生。翁玲玲的研究指出，女性除了重視調養身體、把有無來月經跟受孕想在一起等醫學常識之外，另有一套應對民間禁忌的規則跟彈性，同時指出傳統醫學並不把經血視為污穢，污穢反倒是個相當晚近的衛生概念。

學者李貞德[7]則探究戰後衛生教育課本裡的性與性別。戰前這些課本在說明生殖器官的解剖圖時，談論男性的性器官仔細得多，而介紹女性的體內生殖器官時，甚至會刻意遮住外陰部，避開性聯想。在談生理現象時，也主要是從精子的旅程去探討受精、懷孕的過程，並未討論月經的周期、月經的成因，甚至沒有說明卵子是什麼。同時在照護原則方面，則強調女子宜家務、宜靜不宜動，宜生育小孩等面向。戰後的課本則是詳男略女，詳細介紹器官構造與功能，「不談生殖的行為跟機制」。而關於月經，則是有版本強調月經自初經到停經，除了生小孩之外，從無間斷，若有月經不適則是不正常的狀態。李貞德同時注意到許多針對月經周期的負面描述，比如以「變質退化」形容子宮內膜剝落，不受精是「卵死膜落」，給人失敗的印象，甚至談論停經時，提到退化、病態、失去生殖能力等狀況，將年齡漸長的女人排除在正常女人之外，並在提到月經如何影響身體時，會有情緒暴躁、不穩定等情況。

在探究台灣年輕女孩的初經時，學者王秀雲[8]訪談眾多生於戰後女性的初經經驗，指出目前七十歲以上的婦女，可以推知在一九五〇年代來初經，她們大多數人往往是在來初經時，才在不知所措中習得防漏跟清潔之事。女性親人之間也不會直接談及月經，但會從家人製作及清洗、曝曬月事布中，間接知道月經是怎麼一回事。而在公共廁所中看到有血的衛生紙，也是只有女性會接觸到的月經「衝擊」。王秀雲描述家中有較多女性長輩的女孩，能從她們身上學習隱藏跟清理等實用知識，要是家中男性多，女孩便需要自己摸索。而一九七〇年後，學校作為主要知識來源的教育機構，國小雖然也設有健康教育課程，但仍有師資不足的狀況，男老師可能直接不教，許多女老師可能也會模糊帶過，不去描述太多細節。因此女孩在校園中其實缺乏討論月經的場域，初經不只讓她自己驚慌失措，就連老師也不知道怎麼處理，或者不知道該如何教育其他撞見的同學何為月經。

從以上研究中，可以知道早年的生理知識怎麼形塑女性的身體醫學以及處理月經的方式。當時使用月事布、衛生紙、衛生棉的狀況，仍給女性帶來移動的不便，以及在廁所看到月經的驚嚇，都是阻止月經被討論的原因。月經作為生理現象，並非一直都是這麼負面，但為什麼如今對女人而言如此困擾？怎麼改變這個處境，不再把月經只視為「沒有懷孕」、「生育」的指標，而是更從容地適應並度過這段期間？

我們該轉換思考這個問題的方式：不只關心月經，也關心如何處理月經的方式。這會開啟另一類問題：月經科技到底發展到什麼程度了？拋棄式衛生棉的問世及大規模生產，逐漸取代女性自己用碎布製作的月事布，同時也淘汰為了要固定住月事布的吊帶。拋棄式衛生棉變薄，旁人也就不會從下身衣物曲線揣測女人是否來月經。然而拋棄式衛生棉仍然不是那麼完美，它的厚度還是太厚，且容易外漏，悶熱潮濕引發身體不適，從而影響女性進行室外運動的腳步，因此能塞入體內的棉條開始受到一部分人的青睞。棉條更能隱形，外陰部接觸到血的面積也就減少，降低細菌感染的機會。月亮杯的發明和量產，則是讓想要減少拋棄式生理用品使用量的女性，可以減少垃圾，同時替換跟清理的時間周期也變長，女性移動也更不受限，有望達到每十二小時替換一次，再也不用每一到兩個小時就因為害怕「血崩」跑廁所。但是塞入體內的棉條跟月亮杯，多多少少還是存在摩擦跟外漏等問題，這又跟每個人的身體差異有關。生理用品的好用與否，往往牽涉到個人身體差異。只是這又顯示出，我們多半把生理用品的使用不適，歸諸於個人，很少想到是產品的設計不夠精良，產品不夠多元，選擇不夠多，產品不符合個體差異，以至於有些人將就使用產品，很少提出異議。在社會風氣尚屬保守以及將產品用不順手視為自身問題的情境下，就此形塑出一群沉默的生理用品消費者。

台灣月經科技的發展，過去的討論並不多。在爬梳早期研究時，可以知道台灣在一九七〇年代曾引進衛生棉跟棉條，當年家境較富裕的女性，是有棉條可以選購的。[9]相較衛生棉，棉條在當時的市占率之低，後來幾乎消聲匿跡，這使得事情變得弔詭起來：現今普遍認為棉條是很方便的物品，但若棉條真的那麼方便，為什麼早期不能普及使用？如果棉條不夠好，那怎麼改變這個狀態？

根據早期的調查統計，一九九〇年代台灣女性使用衛生棉的比例占九五％以上，使用棉條的比例是二．一％[10]，二〇〇六年受檢[11]的市售衛生棉是四十七種，棉條則只有兩種，即嬌生（Johnson & Johnson）公司代理的「歐碧」（o.b.）的量少型、量多型。學者許培欣與成令方[12]指出棉條的不普及，其實是因為忽略了使用知識的傳播（know-how）。研究科技史的學者大衛．艾傑頓（David Edgerton）曾強調，科技是以使用為核心發展的[13]，因而我們能推論出，不使用棉條跟台灣本地的月經禁忌、性教育缺乏相關：年輕女孩對初經的感受跟習得的處理方式、能跟誰討論處理月經跟外漏的事情，都讓台灣女性在使用生理用品時，傾向以生活圈內熟人長輩跟同儕的經驗為主，並且藉此習得跟性有關的知識。

二〇一〇年台灣本土棉條品牌「凱娜 KiraKira」上市後，情況已有些許的改變。一是因為在凱娜推出導管式棉條之前，市面上只有進口代理的產品，無從得知棉條的生產技術及設計該怎麼做才能符合使用者需求，使得相關討論缺乏足夠的材料；二是棉條的製造與銷售屬於醫療器材銷售範疇，在銷售跟廣告方面受到衛生主管機關的管制，棉條與其說被視為一種日常用品，更是醫療器材，醫界對使用棉條可能伴隨的不適，抱持著高度審慎的態度[14]。

學者指出，醫療法規對於銷售造成的限制，也反映「男性決策者」或者是缺乏女性觀點的決策者，並不熟悉棉條科技的發展，因此對棉條的製造與銷售設下了重重的障礙。這些障礙主要跟對身體的設想有關[15]，一是使用棉條會傷及處女膜的憂慮；然則處女膜並不是「膜」，它其實是極有彈性的環狀組織，依每人差異形狀有所不同，近年來性別倡議團體提議改稱為「陰道冠」（vaginal corona），以求鬆動「處女情結」跟「處女膜迷思」等社會觀感。二是棉條放入身體時間過長容易導致中毒性休克症候群（Toxic shock syndrome, TSS），卻忽略問題不是棉條的不當使用，而是早年棉條的不當設計——使用吸收力太強的材質會使陰道產生小傷口，超過一段時間沒替換便有感染之虞。因此棉條只能作為醫療器材銷售，銷售地點受到限制，規定只能由藥商販售（這裡我們所指的藥商包含製造業者跟販賣業者），早年能購買棉條的地方只限於藥局。像棉條這樣的醫療用品，刊登廣告的門檻很高，必須取得衛生主管機關的核准，種種限制都拉高了棉條的成本。

儘管學者注意到女性不願意使用棉條，背後是歷史情境跟教育等複雜因素提高了使用門檻，但近年來也有研究者及倡議者提出，正因為每個月必須花錢購買生理用品，生理用品應該被視為一種必需品，價格不應該太過昂貴，同時應該考慮貧窮女性的處境，提供補貼。而月經科技的獨立品牌廠商則是更有意識地研發跟推出替代衛生棉的在地生理用品。

我們在此時爬梳月經科技與商業的發展，是想要說明另一種敘事：以使用及改良為角度，我們能發現社會為何對於棉條及其他生理用品的發展如此緩慢，進而找到推廣及討論棉條（以及多元生理用品）的其他可能性。生理用品獨立廠牌從個人使用走到規模化生產，在追求獲利的同時，也推動了生理用品的多元與創新，並更有意識地提供月經知識教育，更積極參與月經議題的倡議。對消費者而言，生理用品的選項越多，也就表示對待身體、處理月經的方式不會只有一種，而處理經血的方式，也會改變我們對於月經的負面看法，同時鬆動月經污名化的刻板印象。

2 張天韻，〈男性的月經文化：建構與行動〉，《應用心理研究》17 期（2003），頁 157-186。

3 張珏、毛家舲、陳寶雲、張菊惠，〈都會中年婦女的月經經驗與性發展〉，《婦女與兩性學刊》6 期（1995），頁 55-77。

4 張菊惠，〈月經之女性主義論述〉，《婦女與兩性研究通訊》48 期（1998），頁 21-25。

5 莊佩芬，〈阿嬤說月經：以後現代敘事看見多元月經意義〉，《輔導季刊》56 卷 1 期（2000），頁 39-50。

6 翁玲玲，〈漢人社會女性血餘論述初探：從不潔與禁忌談起〉，《近代中國婦女史研究》7 期（1999），頁 107-147。

7 李貞德，〈台灣生理衛生教育中的性、生殖與性別（1945-1968）〉，《近代中國婦女史研究》22 期（2013），頁 65-125。

8 王秀雲，〈從意外到等待：台灣女性的初經經驗，1950s-2000s〉，《女學學誌：婦女與性別研究》39 期（2016），頁 111-163。

9 同註釋 8。

10 消費者文教基金會檢驗委員會（1993b），〈把安心還給女性——市售衛生棉條品質測試〉。《消費者報導》145: 11-18。

11 莊惠婷、洪慧宜，〈女人的綿綿細語—衛生棉（條）之探究〉，《網路社會學通訊》67 期（2007）。

12 許培欣、成令方，〈棉條在台灣為什麼不受歡迎？社會世界觀點的分析〉，《科技醫療與社會》10 期（2010），頁 11-72。

13 大衛．艾傑頓（David Edgerton），《老科技的全球史》（台北：左岸文化，2016）。

14 賴瑋伶、顧永鴻、康曉妍，〈淺談現代女性生理用品與相關併發症〉，《家庭醫學與基層醫療》32 卷 10 期（2017），頁 298-302。

15 陳儒樺，〈科技中的性別壓迫：以台灣經期產品科技為例〉，《婦研縱橫》89 期（2009），頁 56-65。

CH1

不方便的生理期——棉條與布衛生棉的日常使用

大眾如何理解月經的醫學常識？

教育部國語辭典簡編本裡，是這樣定義月經的：「生理機能成熟的女性，約在十四歲至四十五歲之間，每月子宮黏（內）膜脫落，所發生周期性陰道流血的現象，稱為『月經』。例：月經的產生，代表了女性生理上已成熟，且具有懷孕生子的能力。」

當我們在字典裡查找「月經」這個字時，不禁有點意外，它的定義跟我們對於月經的理解並不完全等同。關於「月經」這個詞條的解釋，往往跟醫學怎麼描述有關，對象彷彿是寫給初經尚未來的年輕女孩、或者對月經所知不多的男人。它指出月經的周期跟發生年齡，以及開始規律流血，同時使人想到已具有生育能力，想到性成熟。

作為掌握自己月經周期的我們，反而覺得這不是認識月經的起點。說得更直接些，一個女性在有月經的幾十年間，並非只有等待受孕，沒有一直等著迎接那個想像中的小孩。無論有無月經，女人依舊跟月經共處，也要念書、工作、旅行、聚會、游泳、跑馬拉松、進行其他運動等。而有月經的那幾天，時間感是被打碎的，在日常坐臥行走、日程安排中，每隔幾個小時就要去廁所，替換——（端看你用的是什麼生理用品），月經不會只是「你這個月沒有懷孕」的指標。因此，月經來的那幾天，不只是單純的「生理期」，很多時候是「我正在來月經，我感受到了自己身體的變化」。

我們無法不在意月經，它不能用意志控制什麼時候要來，或什麼時候流出來、什麼時候結束，然而那種即將流淌出來的感覺鮮少得到重視。隨手翻開一本談人體醫學的大眾科普讀物，月經只占幾行的篇幅，甚至不滿一頁。以文字為主、談人體醫學的書籍《生命的臉》（*How We Live*）[16]，以及全彩 3D 解剖繪圖加上電腦攝影照片的《3D 人體大透視》（*The Human Body: A visual guide to human anatomy*）[17]，兩書的章節安排大同小異，會一一介紹神經系統、呼吸系統、心血管系統、免疫系統、內分泌系統、消化系統等。解剖學跟生理學研究告訴我們，人體之所以能穩定運作，仰賴不同系統、器官間的持續調節，保持恆定。這兩本書都把生殖系統看得特別重要，四百多頁的《生命的臉》，把生殖系統拆成兩章，第七章「愛的行為」談性、情動、性行為與生殖器官，第八章「分娩」談受孕與生產，作者想探討生物的繁衍本能，並說女性生殖器官：「這整個複雜系統最主要的任務，就是服侍卵巢的的產品——卵子。」同時在說明月經周期時，只提到青少女發育期及身體內部的荷爾蒙作用，沒有提到經血，倒是花很多力氣描寫作者妻子的孕期跟生產，是的，這本書的作者是男醫師；而近兩百頁的《3D人體大透視》用十六頁介紹女性生殖系統（男性生殖系統只有兩頁），先從外生殖器官（小陰唇、大陰唇、陰蒂和陰阜）跟內生殖器官（陰道、子宮、卵巢和輸卵管）講起，接著圖文並茂地說明卵巢中的卵子怎麼慢慢成熟，一個月後釋出成熟的那一顆，然後有兩百多字「月經周期」的相關介紹，就放在排卵身體機制的主文說明旁邊，前述內容總共占了兩頁，受孕跟孕期變化則是占了十四頁，然後——如果你想知道的話，作者是名女醫師。

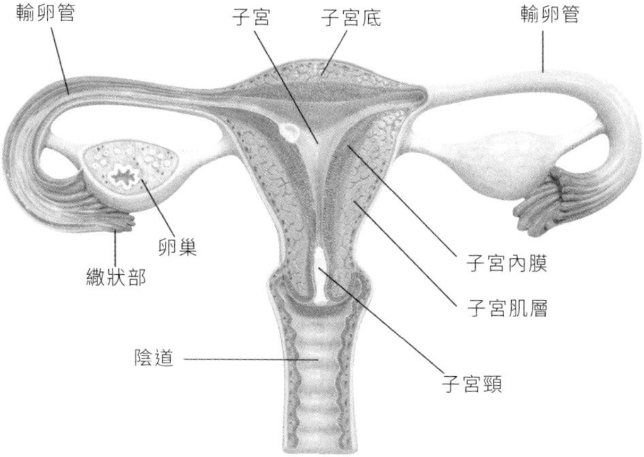

通識衛生教育以及大眾人體醫學書籍在介紹女性生殖器官時，仍著重女性怎麼受孕的機制，以及孕期變化的過程。至於月經的介紹，大多會出現在「每月若無懷孕，或者受精卵著床失敗，子宮內膜脫落、排出子宮」等敘述中，較少著墨「流出體外的月經」，因此月經知識的缺乏討論，也連帶衍生相關迷思：比如可以靠意志控制經血流出、月經很髒等。

生為女性，從初經到停經這漫長的四十幾年間，一生中有月經的月分占據了半個人生，因此經期的生活品質近乎等於半個人生的生活品質。然而這件事情卻沒有被好好重視，討論也鮮少浮上檯面，我們從書本知道的不是月經，而是懷孕與生產。月經被視為女性生殖系統運作的副產品。對自己身體變化好奇的女孩，在初經來時，在意的是溫熱經血流淌出來的種種複雜感受。我們不只是印證醫學所說的月經，而是在感受它的當下，就必須處理經血。

女孩欠缺一種以她們為出發點的月經指南。

過去這種理解內部身體變化的過程很不符合事情發生的順序：女孩是在體驗初經時，局促地感受到經血流出來、弄髒內褲，並且學會最簡便快速的處理方式，努力不要弄髒衣服；同時在國小中高年級的衛教課程中，學到自己身體內部啟動了一個可以生育的機制。在這一連串的操作中，經血只是被視為性成熟的證據，以及要被盡快排除的外物，還要避免把衣物、沙發等其他物品弄髒。關於這種身不由己，西蒙．波娃（Simone de Beauvoir）在《第二性》（*Le Deuxième Sexe*）第一卷第一章曾描述初經來潮帶給女孩的不安。她指出，權威醫學過度強調子宮用以孕育生命，形塑了社會對待「女性」這個性別的態度：女人即子宮。這將深刻影響到女孩面對身體性成熟的觀感。簡而言之，女孩的身體開始成長，親身感受到的痛苦卻很難找到相對應的知識跟詞彙，這些不成比例的醫學知識在歌詠人類物種延續的美好時，彷彿也在說女人的身體只為卵子服務，其他事情相較之下沒有那麼重要。

除此之外，她們也會在校園團體生活中，理解到同儕對月經的看法。現今的國小高年級健康教育教材很有意識地要促進兩性之間的同理，因為不理解月經的男孩，跟初經來卻不知如何對他人表達的女孩，在互動中都會對月經產生刻板印象。我們曾經看過某版本國小高年級的健康教育教學輔助影片，開頭女孩默默躲開人群，不自在地坐下來休息，後來男孩摀著肚子，一拐一拐地走來。女孩問他要做什麼？男孩則回以嘲笑，說昨天她不就是這樣走路的——這只是影片開場，後面自然是要說明月經是什麼、女孩為何會有這樣的身心變化等。這個腳本可以看成男孩捉弄女孩、或者男女孩的爭執，但重要的是向我們展示月經經驗的陰暗面，對女孩而言，這種情境說明月經來會很不舒服，以及對月經一無所知的男孩也能發現她跟平常不一樣，讓女孩變得更加防衛跟緊張。因此我們該探討的不僅僅是月經的醫學知識而已，正因為圍繞著月經的互動跟對話不會只發生在醫院跟家裡，顯得日常的月經談論經驗相當重要。至少這關乎女孩怎麼適應學校團體生活、自我覺察和照護，也關乎男性怎麼更自然的認知另外一個性別[18]。

憂慮月經——

被隱蔽的身體感受

你會怎麼訴說自己的月經呢？

⬇ 我們會跟誰談論自己的月經？通常是「母親」，但也會有「姐妹」、「同學」、「朋友」或者「男朋友」、「女朋友」。

⬇ 稱呼月經的方式。有「我那個來了」、「那個」或者是「大姨媽」、「生理期」、「小紅」、「好朋友」。

⬇ 比較這次月經周期跟先前的變化。「這次好像遲了幾天」或者是「這次居然提早」、「終於來了」、「還好有來」。

⬇ 判斷月經流量。「這次量超多的」或者是「怎麼這麼少」、

「忽然流好多」、「第一天好像都不會很多」。

⬇ 描述身體的感覺。「這次還是好痛」或者是「這次好像比較不會痛」、「肚子悶悶的」、「好像要拉肚子」、「好煩」、「不想動」、「痛到要吃止痛藥」。

⬇ 去廁所時會檢查經血的顏色、味道。「有血塊」、「很稀」、「血的味道很重」，也可能「不小心沾到衣服了」。

⬇ 擔心生理用品存量不夠。「你有帶衛生棉嗎？」或者現在也會有：「你有棉條可以借我嗎？」、「我用月亮杯，沒有在帶衛生棉或者棉條。」這樣的對話。（放心，這種借跟借衛生紙一樣，都是人家沒有期待你還的那種「借」。）

我們在談到月經時，日常對話總是不外乎宣告月經的到來，描述身體的感覺，觀察經血的顏色，接著就是處理身體的感受——替換生理用品、清潔外陰部、檢查衣物有無沾染經血，而有經痛或者其他身體不適症狀，還要視情況吃藥或者多休息。但若是我們仔細去拆解日常對話，便會發現對話的組成元素複雜，凸顯月經的意義很豐富：當中包含跟誰傾吐，對月經的稱呼以及實際觀察，以及顏色、形狀、流量，反映對月經的觀感等，包含社會意涵與醫學檢視兩種層面。

對月經的估量亦有兩層時間意義，這使月經周期比醫學所稱的三到七天還長（因人而異），牽涉到準備（估算存量）、等待（經血流出）、預防（經血沾染）等事先工作及心理狀態。一層是預期月經周期的時間，它來跟不來，是否如期而至，持續多久也會牽動情緒，使人想到健康狀態、是否有孕；一層是預期流量，這關係到替換生理用品的循環，當下使用的生理用品是否能防止外漏、沾染衣物，該用品可以撐多久時間，並且要計算手邊生理用品的存量，確保準備充分。

而本篇開頭這段你很熟悉的對話並非憑空生成，這跟台灣的衛生與健康教育、月經科技、家庭及學校生活幾十年來的影響有關。人們處理月經的態度隨時代有所變化。早在一九八〇年代前後，公共衛生及護理研究開始關注經期與性教育，比如國、高中女生的經期不適、初經年齡變化、經期身心症狀及性教育的發展，因而可以得知月經對女性造成哪方面的身心影響，以及女性怎麼學到月經的醫學常識，是否知道要怎麼管理自己的經期。到了一九九〇年代，婦女與性別研究者則陸陸續續地指出，公衛跟家庭教育怎麼形塑這些隱蔽的月經經驗，關於月經的那些事情不只限於個人，也會是集體的，許多人都有類似的月經經驗跟困擾，這些皆影響到女性對於生理用品的觀感以及使用習慣。

讓我們回顧早期的生理用品：蔡蕙頻[19]指出，台灣在一九六〇年代陸續推出拋棄式衛生棉產品，一九六二年「小嫦娥」廣告訴求「不用月經帶」的衛生棉球，一九六三年的「婦女棉」則是強調「比衛生紙便宜」，同年台灣婦女用品公司推出「幸福棉 Lucky pad」，廣告文宣主打「婦女界的一大福音」、「月經用品的最大改革」，而幸福棉是用紗布包裹棉絮，還可搭配「伴奶褲」使用，這種貼身的褲子可以固定衛生棉，這樣穿的話，人在移動時生理用品也不致位移得太多。就算當時已有衛生棉，但是價格也不便宜，當時的女性仍有在內褲裡墊「棉阿紙」（衛生紙）的習慣。莊惠婷、洪慧宜的論文[20]指出，推出世界上第一片拋棄式衛生棉的金百利－克拉克（Kimberly-Clerk）在一九七五年與士林紙業股份有限公司技術合作，共同設立「金百利股份有限公司」，隔年進口德國機台，開始生產與銷售全台第一片「靠得住」衛生棉。當時的衛生棉款式還沒有背膠，長度達七十公分，還要另外固定。到一九九〇年代時，衛生棉的品牌跟選擇多元起來，統計顯示衛生棉使用率高達九五%，棉條僅二・一%[21]，市面上主要的衛生棉廠商有六家，不同尺寸的型號加起來有五十一種，強調「彈力貼身」、「3D防護」、「香氛」、「防漏側邊」、「零觸感」、「特長夜用」（分別有28、30、33、35、40公分等尺寸）、「瞬間吸收」，而棉條只有嬌生歐碧（o.b）的「普通型」、「迷你型」。

根據王秀雲〈從意外到等待：台灣女性的初經經驗1950s-2000s〉[22]的口述訪談，台灣女性多是受到家中女性長輩影響，在閒談中間接知道「女人會流血」、「在某個時候女生就是會流血」這樣的事實，而在親身體會、學校課程學習這種身體知識的過程中，多半也會自然地學會「不要跟他人說」、「不要被看見」，即使知道月經是正常現象，但對初經及月經的感覺往往是負面的，覺得經血不是乾淨的，看到血很不舒服，有所忌諱，也會有負面情緒，比如害怕、羞恥、討厭、不適應、不方便。

一開始來月經、處理月經的場域都在家裡，而且知情者大多都只有母親。

一九五〇年代來初經的少女，現在都已經當奶奶了吧，當年她們不一定會往上升學，往往是在家裡幫忙時來初經，並從母親那裡得到幫助，知道如何製作月事帶、使用月事布，或者將舊布、棉花、粗紙固定於底褲。而一九七〇年代來初經的少女，她們當中不少人現在應該已經成為母親，於十五歲前後，無預期下可能在學校迎來月經，緊急使用衛生紙墊在褲底，忍耐到回家，才在母親的教導下處理月經，其中有些人或許已經開始使用市面販售的衛生棉。而在二〇〇〇年代來初經的少女，有的早於十五歲，會在母親或者健康教育老師的教導下知道何謂月經，相對於前人，她們是在相對較有心理準備的情況下來初經，且普遍知道衛生棉如何使用。

從不同世代的共通經驗恰巧可以指出，儘管使用拋棄式衛生棉是一個普遍、相對方便的選擇，女性仍會感覺到不適，進而對自己的身體或者自己身為女性有負面的看法。這些女性的生命故事不一定是負面的，有的人在懷孕生小孩後，反而覺得月經是女人仍能持續有生產力的證明，但也有人覺得移動受到限制，並且很不喜歡月經。我們能看到，月經影響了台灣女性的移動跟生活方式，這不只是關於月經，也是關於生理用品的使用選擇。在有些情況下，拋棄式衛生棉還是沒有那麼舒服，且還是會有外漏的風險。有時她們會去尋求替代的生理用品。比如布衛生棉。

不能使用衛生棉的人——

布衛生棉品牌「櫻桃蜜貼」的故事

2008 年後，布衛生棉逐漸進入台灣市場，原因跟環保因素、以及透氣舒適度有關，最後一個因素也是影響 Cherry 創業的主因。布衛生棉造福了許多深受傳統市售衛生棉困擾的女性。

儘管一九七五年開始，衛生棉的使用日漸普及，且因應消費者的需求推出各種尺寸跟型號，但還是有不夠親膚的缺點。莊惠婷跟洪慧宜在〈女人的綿綿細語—衛生棉（條）之探究〉[23]一文中，便根據消基會二〇〇五年十一月底到十二月初的市售衛生棉及棉條抽查，整理出當時市售產品的材質。會接觸到肌膚的吸收層、也就是衛生棉的表層，不外乎是棉質不織布（包含柔棉以及另一種聚酯纖維）、網狀PE（聚乙烯）材質。同年的一篇報導〈不織布成衛生棉主流材質〉[24]一文亦有比較材質優劣，網狀PE材質的優點是吸收力強、乾爽，但是容易有摩擦跟搔癢感，而不織布技術大有進步，吸收力強且觸感很好，有取代PE材質的潛力。同時，消基會針對衛生棉的測試項目，比如吸水倍數、滲漏、表面乾爽性及生菌數，也值得讓人注意。畢竟台灣天氣悶熱，不管女生是穿褲子或裙子，還要再隔著一層至少長度二十公分起跳的衛生棉，衛生棉又不止一層，如此一來外陰部便會整天處於潮濕溫暖的人工環境中，因此衛生棉材質必須訴求輕薄不悶熱，否則會很不舒服。而有人皮膚較為敏感，便不能使用衛生棉，這時她們可能就會選擇布衛生棉。

「櫻桃蜜貼CherryP」布衛生棉的品牌創辦人Cherry便是因為皮膚敏感，深受「手汗症術後代償性出汗」困擾，跟一般人相比非常容易出汗，在使用衛生棉時容易長濕疹，因此最後選擇使用透氣性良好的布衛生棉。乍聽到布衛生棉，不少人都會先想到戰後早期的月事布，大多由舊衣服或者棉布製成，再用月事帶固定；但是現在市面上的布衛生棉產品，外觀設計都參考衛生棉的造型，並選用可水洗重複使用的布料。若我們用英文washable cloth pads、cloth pads、reusable pads搜尋都能查找到國外類似的產品，顯見國外也有一定數量的使用者。布衛生棉的品牌繁多[25]，主要材質會是純棉，不少商家會標榜選用未染色胚布、有機棉，尺寸則參考衛生棉，提供一般日用型（23-24公分）、一般夜用型（30公分）、夜用加長型（35-40公分）等選擇。相對衛生棉是靠背膠固定，布衛生棉則是在蝶翼的部分有扣子，兩者使用方式接近。對於

相較傳統的衛生棉，布衛生棉的特色為透氣好清洗，因此棉花的選擇也相對重要。

像Cherry這樣的使用者而言，布衛生棉親膚又透氣，又有不同流量尺寸可供選擇，從衛生棉到布衛生棉的轉換，沒有什麼負擔。

回溯「櫻桃蜜貼」的初衷，最早Cherry並沒有想要創業，只是小孩出生後，用紙尿布容易造成悶熱不適，她便讓小孩使用透氣的布尿布，進而想到自己也能自製布衛生棉。她在各種布尿布產品中，無意間發現「彩棉」製品——有別於白色棉花，這是一種天然的棉花品種，加工製程中不會再刻意染色及印染花樣，因此不會去除表面蠟質，顏色柔和，但不會太均勻，棕色彩棉會有些微漸層感。彩棉製品洗滌容易，只要用清水或者中性洗潔精清洗即可，觸感柔軟又透氣，而且用過的布尿布味道也比想像中不臭，很適合拿來做布衛生棉吸水層的布料。在約莫十五年前的生理用品市場上，並沒有同樣材質的產品。

Cherry在設計自家的布衛生棉時，也是參考衛生棉的產品設計。布衛生棉同樣分成四層，表層是接觸外陰部的親膚層，使用彩棉布料；內裡的吸水層，同樣採用彩棉，但是用毛圈布織法，以期增加吸水跟耐用度；第三層是防水層，根據櫻桃蜜貼官網，採用的是TPU防水透氣膜，可排出熱氣，阻擋水分子，是可分解的環保材料；到第四層便是選用好看的花布款式。

顏色自然的彩棉，一方面觸感舒適、
吸收力佳，另一方面清洗容易，成為
「櫻桃蜜貼」的特色材質。

布衛生棉與傳統的市售衛生棉相同，包含從親膚層至防水層等三至四層的構造。使用者幾乎可以不需要特別的適應期就能無縫接軌。

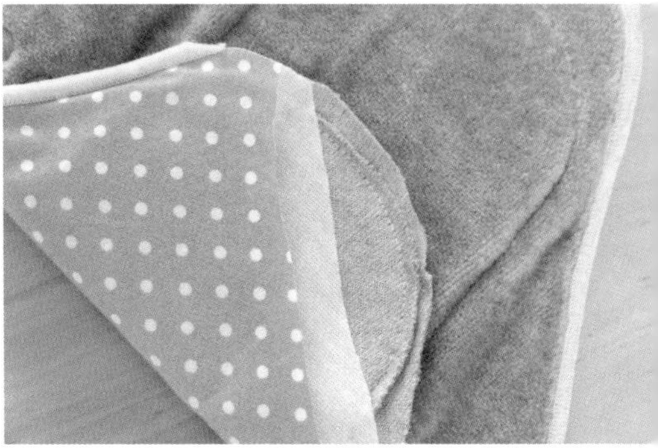

不同的花布也成為布衛生棉的特色之一。這讓消費者更有一種購物感，也有更多選擇，相對照顧到女性的心情舒適度。Cherry 特別堅持使用日本進口布料與扣子。

當時的台灣已經相當注重環保，尤其是民間，許多人自發性地調整自己的日常習慣，達到減塑或減低碳排放的目標。很多人在那時注意到拋棄式衛生棉會產生很多垃圾，月經的消費習慣因此開始重視環保與永續的實踐，布衛生棉的銷售也主要是以手作、小農市集及網路商家為主。網路上至今還能找到許多當時的使用經驗分享，能發現扣除早期廠商如「甜蜜接觸」、「櫻桃蜜貼」外，很多人是在環保市集或所謂的文創市集採購，能夠買到的商品也相對多元，因為每個攤位的販售品往往展現著生產者的理念與自身經驗。

但環保也有分層次，使用布衛生棉是一回事，能否標榜「有機」又是另一個難處。Cherry 告訴我們，儘管布衛生棉的布料可以選擇合法的優良產地，但是整個布衛生棉不會只有布料成分，還可拆分成很多個部位跟零件，比如機能型的防水層、甚至是她精心選購的日本製扣子（比較好固定布棉，顏色選擇也較多），很難保證每個材質都能做到「有機」認證。就布衛生棉的產業規模或者工序而言，有機材質的成本不低，並非每個商家都能取得全製程的有機認證。

布衛生棉的好處，仍在於它對私密處肌膚的低刺激性，大為降低經期間的不適感。

全製程有機並非容易的事，但Cherry花費不少心力在取得相關認證與標章。研究台灣的生理用品發展史，會發現研發者取得標章與認證所花的時間，近乎與研發過程一樣長。

當時的消費管道除了手作市集外，也包含了較有規模商家於「Yahoo奇摩拍賣」上架，回想出現在奇摩拍賣「問與答」上零零總總的問題，確實能感受到消費者對於經期不再長疹子的解脫感。

特別的是，國內論壇批踢踢實業坊（ptt.cc）還保留有不少二〇〇九年至二〇一四年的討論文章，當時有不少人對於布衛生棉的疑慮，同樣在於這是個有歷史情境的物品，白話一點來說，也就是「為什麼我們要反過頭來使用阿嬤那輩的產品」，在已經知道如何使用衛生棉的歷史情境下，出現回歸使用布衛生棉的行為，的確有一種特殊意義存在。儘管布衛生棉無論在於科技（使用布料材質）跟形體（接近現今的衛生棉長相）都已經超越過去，仍有一票使用者會擔心自己成為一個「退化」者。

也幸虧布衛生棉的材質開發逐漸進化，清洗布衛生棉正如平常清洗私密衣物，在使用跟洗潔上都相對不會帶給使用者太多負擔。研發的商家甚至能設想到使用者在經期的疲累、不適與厭倦，特別強調能丟入洗衣機洗滌（倘若消費者不介意），甚至網路上有形形色色如何「洗白」（沒有色素殘留）的討論，不外乎別用熱水清洗、使用醋或者小蘇打粉，以及簡單易取得的化工原料過碳酸鈉（增豔漂白劑），也是布衛生棉族群的愛用品，或者也有業者會提供加價購的專用清潔劑，降低消費者疑慮。

不過，即便布衛生棉材質柔軟舒適，但大部分女性仍因各種因素選擇使用拋棄式衛生棉。關鍵便在於潛在使用者對於經血的味道、外陰部的摩擦悶熱感以及清潔殺菌依舊存在恐懼，羅先耘的碩士論文〈布入女兒心——以布衛生棉探討永續消費的經驗與學習〉[26]中記錄的幾位受訪者便表示，家人對於布衛生棉多少還是有障礙，比如「洗不乾淨」、「會有味道」、「替換下來的布衛生棉怎麼收納帶回家清洗」、「還要碰到血」等等。然而需要澄清的是：受訪者表示布衛生棉吸收經血後其實沒有什麼味道，頂多清洗後要曬久一點才會乾，因此在使用上難度沒有那麼高。相對而言拋棄式衛生棉的材質跟經血結合後，往往會發散可怕的異味，這也使得女性多半對經血有非常不好的印象，進而影響到對相關研發產品的觀感，誤以為經血就是惡臭本身。

棉條黑暗期

布衛生棉的發展正在萌芽，但當時的棉條市場尚未發展成熟，還處於黑暗時期。

台灣棉條品牌「凱娜 KiraKira」的創辦人凡妮莎在受訪時曾說，自己以前非常喜歡在批踢踢女性性版（feminine_sex）跟人交流：她一直在告訴大家，棉條非常好用，希望大家克服恐懼心理。早在二〇一〇年凡妮莎創辦台灣第一個棉條品牌凱娜之前，凡妮莎的部落格文章全部都是在談棉條，十幾年下來有一千兩百篇關於國內外月經科技產業動態、性知識等文章，她再刪刪減減修改成兩百篇，部分已經移轉到「嗨！小紅」知識平台，直到二〇二一年，網站升級成「大陰百科—妳／你所不知道的陰部祕密」，持續向國人提供月經相關的身體知識跟產業話題。

這一切都是緣自於她想要台灣也有專屬棉條的貨架而起。二〇〇三年八月，凡妮莎前往美國當交換學生。美國貨架上的棉條，多到有整面牆那麼多。「我去美國時，站在那面棉條牆前，感到震撼，為什麼台灣沒有這個？而且我想的不只是為何架上沒有，而是從整個文化、教育現場、思考脈絡，為什麼我們會覺得這個東西很噁心不正常，我們到底是缺乏什麼才會沒有這一面牆？不管是廠商也好、教育者也好，使用者也好、衛福部的官員也好，我們什麼都沒進行，所以我們沒有。……高三的時候，我同學從美國打電話回來告訴我，有一種導管棉條很好用，有機會一定要試試看。那時我能想像的棉條就是o.b.的紙導管，因為在康是美看得到。（在這之前）我這輩子沒見過塑膠導管，也是到美國才知道。」

她在台灣時就有用過棉條，但也就只是去水上樂園如八仙樂園時會用一條，不會在日常使用。也就是說，棉條對於當時的凡妮莎而言，像是應付、應急之物，不是日常選擇的一環。當她去美國發現有這麼多種棉條，在環境影響下，開始長期使用，因為棉條在美國是日常生活用品，並非一種稀有、遙不可及的商品。

凡妮莎提到，她在美國一直忍不住購物、買東西，考量到需要多一點收入，就想靠自己賺零用錢。於是她從美國寄棉條回來，在奇摩拍賣上販售。首先，她在奇摩拍賣上架一些美國的棉條，告訴台灣女生說這個很好用。賣了半年的成果不錯，客人還不少，大約一個月就能有兩百個客人的訂單。這些客人往往會回購，可能一次就買兩、三個月的量。但是慢慢地，她發現客人數量發展到一個頂點，就沒辦法再往上增加，於是便在二〇〇四年三月開始發行電子報，持續向會員提供新的棉條資訊。這當中自然也有商業的考量，跟顧客建立長期且穩固的信任關係，也才可能一個客人帶下一個客人來。這個方式顯然效果不錯，客人的數量因此增加了百分之五十左右，電子報提供確切的國外新知，方便直接轉寄給朋友，推薦哪個產品好、哪個值得試試看。

不只是凡妮莎養起的客群，當時台灣還有另外一批棉條愛用者存在。在談這批愛用者前，我們得先了解，二〇一〇年凱娜上市時，當時台灣市面上只有凱娜的棉條是導管棉條，其他都是指入式。很久以前 o.b. 曾經販售紙導管，但很快就不再生產了。指入式棉條的問題在於：對新手來說，要直接把棉條推進陰道，需要一點技術。陰道並不是一條直線，因此推入時要稍微斜四十五度，有些人會建議新手蹲下。同時棉條的棉體在塞進陰道時，也會帶來摩擦的不適感。主要是因為經期期間，女性並不是隨時隨地都在流血，量少或者流量不穩定的女性，很多時候為了等待經血到來，在經期前跟經期尾聲也使用棉條，以防萬一，但這也容易導致摩擦的不適感。

對於這些導管棉條使用者來說，相應之道就是出國時大量購買國外品牌的棉條。要買到好用的棉條，不是理所當然的一件事，還要特別追求才行。當時的台灣不若現在，不能想買隨手便能買到，還做不到「理所當然」。因此在二〇一〇年之前，不少人每次出國行李箱要留一大塊空間給棉條，這可能還不包括幫親朋好友代買的數量。後來也創業投入生理用品市場的史文妃，在她的碩士論文〈小棉條兒帶領的奇妙旅程：台灣棉條使用者的主體經驗、感覺結構歷程和網路社群文化〉[27]中，便有訪談人表示，去日本參加馬拉松比賽，匆促來回的旅程中，還會想盡辦法專門安排藥妝店行程，盡量搜刮棉條。

這樣一群人，必須很有意識地不斷重複這件事，不斷囤貨，確保自己想用就用得到，同時要不斷更新國外資訊，才能知道出國時怎麼安排路線，要往哪些商店採購，以免向隅。國外也不是什麼商店都會有棉條。除此之外，另一個變通之道就是代購，只是就算網購很方便，託人從國外寄回來，也不能算是很好取得。此外，語言的限制也使得部分使用者在購買跟使用時有資訊落差，很難一次買到適合自己的商品，只能有就買來試試看，不適合也只能將就用完，下次再說。況且，還有另一個問題：棉條屬於醫療用品，未申請銷售許可，不得買賣。

如今回想那段黑暗期，也是棉條使用者的共同回憶。「早期的使用者一定都在網路上買過。從國外帶回來的棉條一定得拆盒子，包成一包一包的，很像砂糖條。」史文妃說。棉條跟衛生棉一樣，可能A牌用了很適合，B牌用了覺得是垃圾。早期在奇摩拍賣販售的賣家，不只是為了賺錢做這些事，比較偏向推廣目的，這類賣家願意做細工，讓想要用的人能夠拿到組合包。也會有好心賣家想讓大家有很多選擇，自發性地從國外買進來，分裝成不同包裝。後來參與月亮杯群眾集資計畫的陳苑伊說，她當年第一次購買棉條時，賣家還會在這種組合包的外包裝上一個個貼標籤，註明某某牌、某某系列、某某流量，讓大家方便記住資訊，逐步找到適合自己的棉條。入門者踏入這個世界，若有不懂的地方，賣方也會熱情回應。這些熱心的賣家兼使用者，提供這種方式讓初學者可以不必像她們一樣試了很多牌子才知道適合什麼。

直到後來，有一些賣家被開罰，大家才意識到原來這件事是不被台灣法規允許的。

[redacted]您好~
我在[redacted]看到你的介紹:)

到了該添購棉條的時候啦:P
想請問你現在的現貨有哪些~

我主要想買Playtex的Gentle Glide或beyond
也考慮買slimfit的regular當量少用或拿來推廣用XD
順便看看TAMPAX的compak~

另外我有找到你的[redacted]賣場
看到隱形護墊
想請問一下
照片上左邊的護墊
就是從包裝盒裡拿出來的樣子了嗎!
因為我有看過國外的護墊是沒有個別包裝的
有點想順便買來試試看
可是不太希望他沒有個別包裝~

麻煩了 謝謝您的回覆喔!

您的生活即時通 － 溝通、娛樂、生活、工作一次搞定！
http://messenger.yahoo.com.tw/

您的生活即時通 － 溝通、娛樂、生活、工作一次搞定！
http://messenger.yahoo.com.tw/

Re: about棉條兒~ [redacted]

[redacted]
收件者 [redacted]

Dear~
大家快樂!真不好意思讓您久等囉~
有需要可以參考[redacted]的關於我

http://[redacted].com/tw/show/aboutme?userID=tampax_playtex

運費計算是單組500元以下是15元,500~1000是30元,1000~2000是50元,2000以上是免運費喔(現在都是預定的喔,所以目前約3月底才會到貨喔)^^還有因為衛生署有嚴格規定衛生棉條屬於醫療器材不得網路販售,而且去年8月份來了一批貨被衛生署查扣,好不容易營救出來,但是已經有[redacted]的資料在那,所以[redacted]必須低調低調,還有現在只能散裝進貨, 盒裝是絕對馬上被查扣,希望水水能諒解! 面交地點在古亭站和台北車站之間的捷運站是最好滴喔!非常感謝您!!
參考一下!

[redacted]敬上

[redacted] 說：

[redacted]您好~
我在[redacted]看到你的介紹:)

到了該添購棉條的時候啦:P

我主要想買Playtex的Gentle Glide或beyond
也考慮買slimfit的regular當量少用或拿來推廣用XD
順便看看TAMPAX的compak~

想請問你現在的現貨共有哪些?

麻煩了，謝謝你的回覆:)

[redacted]
http://[redacted]tw/

陳苑伊保存了許多當年棉條賣家自製的型錄以及購買信件。這些是棉條黑暗期時，許多使用者僅能地下交易的證明，同時也代表著台灣當時生理用品市場有多麼缺乏多元性。

罰款最低三萬，最高到兩百萬，凡妮莎自己也因為誤觸法網而領過罰單。因此很多網路拍賣平台，開始有意識地下架違法的網路賣場。曾經有過一段黑暗期，台灣市面上沒有其他選擇，想買的人就只偷偷聯繫以前的賣家，拐彎抹角地探問還有沒有「跟上次一樣的組合」，避開價錢、商品型號、取貨等詞彙，更趨向經營地下化。

Re: [詢問]about棉條兒~

寄件者：[redacted]

收件者：[redacted]

日期：2007年3月5日 星期一 下午06:28 [GMT+8]

新春愉快~

PLAYTEX ㄉ一般跟量多 要3月15~20號左右才會到喔
(目前到ㄉ都是水水們預定ㄉ),有確定也可以先預定喲~

==

如果擔心漏信請將信件加寄副本(按一下新增副本欄位)(複製下列網址貼上即可喔):
[redacted]

回信時間:AM10:00~PM11:00

親愛ㄉ水水你好:
如果您真ㄉ很急需要ㄉ話
站在同為女性ㄉ立場上,我很想幫你這個忙
因為棉條在其他先進國家是屬於日常用品
只是我們ㄉ政府單位可能還沒進化
才会這樣吧
蜜雪兒已經依賴它10幾年了(已經無法沒有它了)
也知道缺少它ㄉ"辛苦"
身邊總有一年份以上ㄉ自用品
如果您急需要ㄉ話
蜜雪兒可以將它分享給你喔^^

[redacted]

因為現在寄回台灣ㄉ貨
單次必須減量(只能寄個人使用ㄉ量)
(寄太多會被查.還有可能罰稅金或....)
而國際運費ㄉ基本費很高
相對我ㄉ費用也提高了
請您見諒喔~

另有美國原裝Centrum(善存跟銀寶善存有需要者可提供)~保證真品~

最新商品Playtex~360°不側漏**SPORT運動專用**16支裝(一般).(量多)
限時特價$330(單支@21元)　商品介紹
http://www.playtexsport.com/about.aspx

觀看重點~
1.廠牌(Playtex或TAMPAX)　2.流量(一般.量多.量超多)　3.香味　4.支數

Playtex (Gentle Glide無香)一般型REGULAR **88支** $910元(任選一般or量多10支130元)
40支以上@12

Playtex (Gentle Glide微香)量多型SUPER **88支**　$910元(任選一般or量多10支130元)
40支以上@12

Playtex~Slimfits量少型纖細導管regular(無香) (**綜合包**內限2支)

Playtex (Glide Glide)**量超多**SUPER PLUS 44支(微香/無香) 610元 (10支150元)

Playtex 36支**綜合包**(無外盒喔) (2 支slimfits量少.22支一般.12支量多)　$ 480元

TAMPAX (PEARL珍珠) 一般型REGULAR **72支無香**　$890元(任選一般or量多10支140元)

TAMPAX (PEARL珍珠)量多型SUPER **72支無香**　$885元**無盒**(任選一般or量多10支140元)

TAMPAX(PEARL珍珠)**量超多**SUPER PLUS**18支(無香/微香)** $330 元~(5支100元)

TAMPAX(PEARL珍珠)36支綜合包(8量少.20一般.8量多)(無香/)$530元不零售

TAMPAX(Compak外出攜帶型)(32支綜合包)(8量少.16一般.8量多)$380元3月中到貨
*這組是短管ㄉ(如下圖)使用時須先拉出組合後再使用~

(試用一組8支~2量少.4一般.2量多$110元) 剩2組
(試用一組8支一般$110元) (試用一組8支量多$110元)

COMPAK也有32支裝(一般流量regular)$380元 3月中到貨
COMPAK也有32支裝(量多流量SUPER)$390元 3月中到貨

Kotex　靠得住隱形護墊 Lighdays 64片 $120元 (單片2元)也有丁字褲專用護墊

郵資實報實銷最多收80元　([redacted]午後可於[redacted]面交)
[redacted]有YAHOO即時通跟SKYPE
帳號都是[redacted]
電話:[redacted]
歡迎多加利用喔^^

寄件時間:星期一.三.五

Playtex跟TAMPAX兩者ㄉ不同點在於棉線還有壓縮ㄉ方式:
TAMPAX的棉線稍鬆散並比Platyex稍粗一些.壓縮方式為W狀,
並於棉花 外層包覆一層較柔細薄棉,感覺較細緻,
不過因為壓縮ㄉ方式,拉出時會比較鬆散~~
另外Playtex的棉線比較緊實,棉線比TAMPAX微細,
壓縮方式是像收起ㄉ緊實雨傘狀,**会比較好拉出,**
兩者ㄉ棉條推出口也有些不同喔,
TAMPAX是採用5瓣(花瓣式ㄉ)輕輕一推,棉條很容易就推入了,
而Playtex是採用4瓣(十字型ㄉ)會比TAMPAX費力些~~~
但其實只要使用順手了,兩者是大同小異ㄉ,
因為蜜雪兒以前覺得Playtex比較好用,
但是卻有很多水水告訴我TAMPAX好用,
如同吃東西一樣,個人口味不同吧!
價格上Playtex会比較便宜
TAMPAX則是水水們公認比較好推入ㄉ(包裝也比較高級些)
提供您參考一下

[redacted]ㄉ所有商品都是塑膠導管ㄉ喔~
有導管它會非常ㄉ好放入喔
不論紙導管或是塑膠導管都可以不會沾手
(BUT塑膠導管會更好用,因為它比較光滑.滑順)
[redacted]也會給您一份中英文圖解ㄉ說明書ㄋ

Playtex~slimfits纖細導管**在綜合包內會有2支(限2位售完止)**
(因為此商品已經正式停產)請見諒見諒^^

亦建議您改用REGULAR(一般流量)替代 他們ㄉ吸收量是一樣ㄉ
只是SLIMFITS做得比較細長而已
如果直接使用(REGULAR一般流量型)**也可以**
要是您ㄉ經量是屬於比較多ㄉ
就可以使用(量多型SUPER) **不過此款會比一般型稍粗喔^^**
另外~還有吸收量更強ㄉ~(超級量多型 SUPER PLUS:還沒當媽媽就不建議使用喔)
提供你做選擇^^

有少支數ㄉ都可以任您自由搭配
少量購買13~16支郵資大約30
16~30支郵資大約40

==

照片上左邊的護墊~就是從包裝盒裡拿出來的樣子了
因為是經濟包所以沒有做個別ㄉ包裝喔
有零售@2元~~你可以試試看喲
3Q

[redacted] <[redacted]> 寫：

圖片文字節錄（長條圖中間藍色的部分）

Playtax 跟 TAMPAX 兩者ㄉ不同點在於棉線還有壓縮ㄉ方式：
TAMPAX 的棉線稍鬆散並比 Playtax 稍粗一些，壓縮方式為 W 狀，並於棉花外層包覆一層較柔細薄棉，感覺較細緻，
不過因為壓縮ㄉ方式，拉出時會比較鬆散～～
另外 Playtax 的棉線比較緊實，棉線比 TAMPAX 微細，壓縮方式是像收起ㄉ扎實與傘狀，會比較好挖出，兩者ㄉ棉條推出口也有些不同喔，TAMPAX 是採用 5 瓣（花瓣式ㄉ）輕輕一推，棉條很容易就推入了，而 Playtax 是採用 4 瓣（十字型ㄉ）會比 TAMPAX 費力些～～～
但其實只要使用順手了，兩者是大同小異ㄉ，
因為＊＊＊以前覺得 Playtax 比較好用
但是卻有很多水水告訴我 TAMPAX 好用，
如同吃東西一樣，個人口味不同吧！
價格上 Playtax 會比較便宜，
TAMPAX 則是水水們公認比較好推入（包裝也比較高級些）
提供您參考一下

＊＊＊＊ㄉ所有產品都是塑膠導管喔～
有導管它會非常ㄉ好推入喔
不論紙導管或是塑膠導管都可以不會沾手
（BUT 塑膠導管會更好用，因為它比較光滑、滑順）
＊＊＊＊也會給您一份中英文圖解ㄉ說明書ㄋ

這也讓使用者衍伸出另一種心態。「我去日本，每經過一間藥妝店我都要進去看。去香港也是，明明行李箱已經好幾盒，但我看見遠方有一間萬寧（藥妝店），我就走進去看這間有沒有賣哪一款。」陳苑伊說，剛開始還會比價，後來就覺得算了，反正這間店有四盒就買四盒。「有得用比較重要，已經不在意價格。」這根本是不計成本的買，也能想見早期的棉條使用者購買生理用品的代價很高。

資深的棉條使用者也常常是棉條推廣大使。有的人會做小型分裝包，四處送人，裡面就有分塑膠導管跟紙導管：可能塑膠導管就放兩個系列，紙導管一個系列，每個流量各一，這樣一盒就有十來種不同的棉條，收到的人可以依照個人經期狀況來選擇使用。如此一來，一次經期就能試到不同品牌跟不同材質的棉條，幾天內很快試出最適合自己的那幾款，下次要買就可以很篤定地專攻哪牌、哪些流量、哪種款式。如果你會遇到這樣的人，應該也會覺得很安心吧。即便是剛開始使用的新手，根本不知道怎麼撐開棉條，怎麼塞進陰道，但是總有人可以問，她可能會先遞過來兩種棉條，很爽快地說：「用習慣再來找我拿。」不管有沒有生理期，有的人還會隨身攜帶不同品牌跟流量的棉條，連說明書都帶著，以備親友不時之需。

月亮褲
月釀杯
Formoonsa Cup

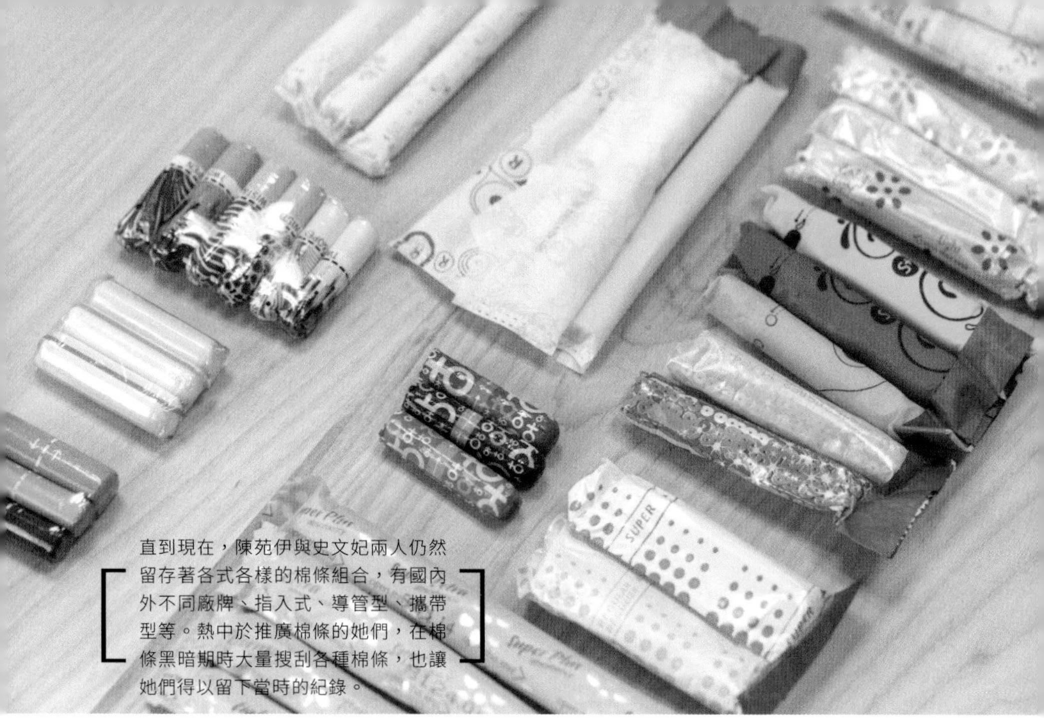

直到現在，陳苑伊與史文妃兩人仍然留存著各式各樣的棉條組合，有國內外不同廠牌、指入式、導管型、攜帶型等。熱中於推廣棉條的她們，在棉條黑暗期時大量搜刮各種棉條，也讓她們得以留下當時的紀錄。

如果有人要借衛生棉卻借不到的話。陳苑伊說，「我就會拿出我的試用棉條。」她會把包裝比較爛的棉條跟說明書放在一起，當成教具來演示。導管棉條拆封之後，會剩下拋棄式的塑膠導管，這時也可以洗乾淨之後留下來，把示範用的棉條導管跟棉體放在一起，方便跟新手說明攜帶型怎麼用、塑膠導管跟紙導管哪裡不同等等注意事項。早期凱娜推出放棉條用的鐵盒時，史文妃也會在鐵盒裡裝不同品牌的棉條，誰需要就帶在身邊隨時可分享。

陳苑伊回想自己曾有過棉條狂熱傳教期，當狂推別人卻不一定想用時，還會有點沮喪，「但後來發現，當年被我推廣卻沒有很願意使用的人，可能半年、一年，甚至兩、三年後，她們也默默地開始使用了。」那種感覺很奇妙，你真的改變了別人的使用習慣，就像多年後有朋友說：「當年就是你拿給我用棉條，我才開始用。」其實有些人，就算塞給對方一大堆試用品，也有可能兩年後，她才會突然有契機嘗試。改用新的生理用品，不是短暫就會有結果的事情。陳苑伊與史文妃的經驗，跟同時在做棉條販售與電子報推廣的凡妮莎不謀而合，也能見證早期使用者的熱忱：她們是在自己體驗後覺得「用了這東西生活變得更好」，進而想推廣給他人。

凡妮莎在美國交換學生的期間只有一年，隔年八月回台灣以後，便沒辦法繼續販賣棉條。可是寫電子報讓她得到很多快樂，往後有兩年左右的時間，凡妮莎繼續發行電子報，但沒有從中得到什麼明確的收益。直到二〇〇六年，她當時的男朋友在路邊擺地攤，隨口向她提議棉條的進口生意。對她來說，或許創業最實質的效益是既可以做喜歡的事，又能有金錢收益，這讓她萌生了代理品牌的念頭。最後又因為代理過程不順利，越挫越勇的她選擇直接試著製造本土的導管棉條，「凱娜 KiraKira」也就在一個人對於棉條的熱忱與投入之下誕生。

在藥妝店能買到導管棉條，對於當時台灣的生理用品市場而言，無非是標誌性的大事。

凱娜的上市，對於本來就有需求的人來說，能因此在街口的屈臣氏就買到導管棉條，要算是個非常重要的訊號。陳苑伊在回顧過往時聊到，某一次跟重型機車車友從台南騎機車環島，中途在宜蘭礁溪市區落腳，卻臨時發現月經來了，那時的第一個反應不是焦慮，而是「沒關係，這附近有便利商店，OK超商有賣凱娜，我下樓去買就好了。」當下並不緊張，反而有種被救贖的感覺。要是在以前，出門在外臨時來月經，又不想用衛生棉，就只能去便利商店買唯一能買到的指入式棉條應急。「（一盒）裡面有八條吧，我會當下使用，可能再用一條，就剩六條放在那裡。」這就跟

出門忘記帶雨傘一樣，每次手邊沒有，就只能再去買一盒，然後家裡就會囤好幾盒其實用不習慣的指入式棉條。凱娜的出現，讓資源匱乏和將就使用的心態，因為導管棉條的可及性隨之解除。

史文妃則形容這簡直就像是變成了棉條富翁，「這意味著，我不用再囤貨了！」早期因為怕買不到導管棉條，她的最高紀錄是手邊有五、六百條庫存。其實一次經期，最多也只會用上二十條，這樣數來，她可能囤積了兩、三年的量，根本用不完，但就是害怕買不到。凱娜的上市，可以說改變了這一群棉條愛好者的使用習慣，也讓近十多年來台灣月經科技的進展跨出很大一步。

16 許爾文．努蘭（Sherwin B. Nuland），《生命的臉：從心臟到大腦，耶魯教授的臨床醫學課》（2019），（台北：時報出版）。

17 莎拉．布魯爾（Sarah Brewer），《3 D人體大透視》（2011），（台北：聯經出版）。

18 張天韻，〈男性的月經文化：建構與行動〉，《應用心理研究》17 期（2003），頁 157-186。

19 蔡蕙頻，〈絕對靠得住！有它好自在！從月經帶到衛生棉的歷史〉，聯合新聞網（2020.04.13），檢閱日期：2021.11.10，網址：https://udn.com/news/story/12681/4480033。

20 莊惠婷、洪慧宜，〈女人的綿綿細語—衛生棉（條）之探究〉，《網路社會學通訊》67 期（2007）。

21 消費者文教基金會檢驗委員會（1993b），〈把安心還給女性——市售衛生棉條品質測試〉。《消費者報導》145: 11-18。

22 王秀雲，〈從意外到等待：台灣女性的初經經驗，1950s-2000s〉，《女學學誌：婦女與性別研究》39 期（2016），頁 111-163。

23 莊惠婷、洪慧宜，〈女人的綿綿細語—衛生棉（條）之探究〉，《網路社會學通訊》67 期（2007）。

24 潘嘉凌，〈不織布成衛生棉主流材質〉，蘋果日報（2015.05.01），檢閱日期：2021.11.10，網址：https://tw.appledaily.com/finance/20050501/WCEESFWJV5VTFBKVCXCMGKTWGA/

25 根據網友整理，有甜蜜接觸、糖來了、棉樂悅事、蹦蹦樹、聖誕婆婆小舖、海邊的司廚、和諧生活、女兒紅、Easy Lohas、toura（日本）、Charlie Banana、綠兔子工作室、正合我櫝等。網址：https://flowery.tw/cherryp/

26 羅先耘，〈布入女兒心——以布衛生棉探討永續消費的經驗與學習〉（台北：國立師範大學環境教育研究所碩士論文，2007）。

27 史文妃，〈小棉條兒帶領的奇妙旅程：台灣棉條使用者的主體經驗、感覺結構歷程和網路社群文化〉（嘉義：國立中正大學電訊傳播研究所碩士論文，2015）。

KiraKira
KiraKira
KiraKira
KiraKira
KiraKira

CH2 讓藥妝店有棉條——
本土棉條品牌的誕生

棉條跟玉米澱粉杯蓋，選哪項投資？

凡妮莎的商業難題

創立棉條品牌凱娜的凡妮莎跟我們說起一個二選一的真實故事。假如你是投資人，近年來對民生消費用品有興趣，以下兩個項目，你會選擇投資哪一個？①棉條，及②PLA咖啡杯蓋（俗稱玉米澱粉杯蓋）。乍看之下，兩種產品都有其市場潛力。第一個項目值得我們先做簡單的計算，主計處在二〇二一年九月得出的台灣女性人口數近一千兩百萬人（11,824,320），而照國民健康署的臨床資料統計，女性初經約在十歲至十五歲，更年期則約從四十五歲至五十五歲開始，取兩者最大值，我們大概能推測，在十五歲至五十五歲這個區間，多數是有規律經期的生理女性，估計約達六百萬人（6,504,864），占女性總人口的一半。一般人可能會想，即便還有誤差值，但潛在市場依然不小吧，每個月她們可是都要花一筆錢在生理用品上；再者女性生理用品市場至今仍以衛生棉為主，投資人若考量產品差異，就會注意到市面上棉條品牌不多，推出棉條應該能拉出差異性。但不等凡妮莎說完這個故事，我們從現今市面上的棉條品牌毫無變化就能約略得知：無論最後有無投資ＰＬＡ咖啡杯蓋，這位投資人終究沒有經營女性生理用品市場的打算。

凡妮莎二十歲赴美短期留學，驚異於美國大賣場、超市百貨架上棉條品牌的多元，對照台灣藥妝店的棉條選擇之匱乏。美國女性的選擇可以是棉條、月亮杯、衛生棉跟布衛生棉，不同品牌、產品還可以混搭組合。單就棉條這一品項，品牌、包裝設計、型號差異就能有很多選擇，流量選擇舉凡量少、普通流量、量多、超級量多、量極多，都跟使用者的更換時間有關；不僅型號的差異大，就連材質差異也有得選，塑膠導管（分成長導管跟短導管，也就是一般型與攜帶型）、紙導管（還分成平口跟花苞頭）、指入式等，這關乎推入棉條時因摩擦產生的不適感，而將棉條推入陰道的摩擦感，至今依舊是很多女性不願意使用指入式棉條的主因。二〇〇〇年前後的台灣，市面上相對容易找到的，應該還是以 o.b. 指入式棉條的迷你型／普通型為主，可以從中想像棉條帶給台灣女性的猶豫，以及要推廣有多麼不易了。

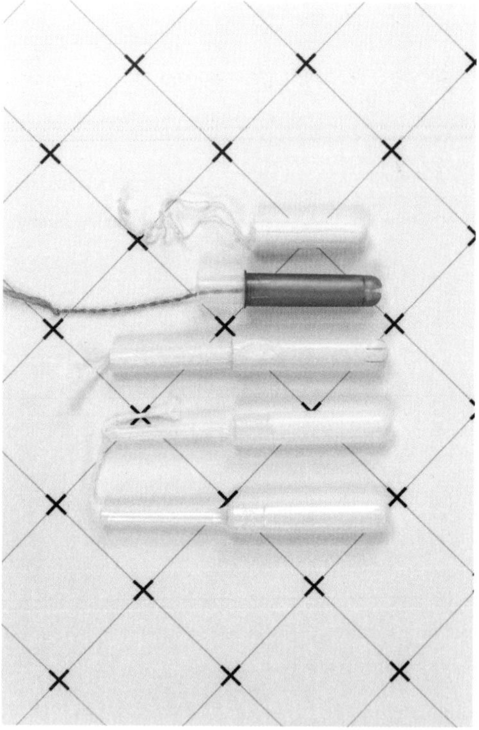

[棉條有許多不同款式，紙導管、塑膠導管、開口切平、開口呈花苞狀，也有指入式，同時依照不同吸收量有不同大小長度。對於使用者而言，這麼多元的選擇，能夠讓自己慢慢找到最適合自己的款式，或許是個福音；但對於棉條廠商而言，該怎麼布局一開始的產品線，恐怕是個難題。]

一九八〇年代以降、直到二〇一〇年凱娜導管棉條上市前，衛生署（衛福部的前身）針對棉條（L.5470 無香味的衛生棉塞）發給三家廠商，分別是 o.b. 歐碧（嬌生）、蘇菲（嬌聯實業）、tampax（丹碧絲，英商德記洋行）共十四張醫療器材許可證，全都是指入式棉條，沒有導管式[28]。其中 o.b. 棉條就占了十二張許可證，但那是因為逾期註銷，又申請新證，因此兩種不同流量的規格都是單獨重新申請，實際上從一九八四年至今，o.b. 在市面上持續供應的只有普通型跟迷你型兩款。嬌聯實業曾持有一張蘇菲衛生棉條的許可證，效期從一九八八年到一九九三年，該品項下設有三種規格：一般型、量多型、量少型。英商德記洋行台灣分公司也曾持有一張丹碧絲衛生棉條的許可證，效期從一九八六年到一九九三年，該品項下設有四種規格：纖巧型、標準型、特護型、倍護型。也就是說上述的十四張許可證，即便含括三個品牌，規格卻沒有像衛生棉那麼充足，一九八六年到一九九三年間，我們能在部分藥局買到的是：量少（迷你或者纖巧）、一般流量（標準或普通）、量多、超多流量四種不同規格，而且流通範圍最廣的只有 o.b.。對照二〇〇六年消費者文教基金會〈47 件衛生棉（條）大車拼〉[29]的調查，受檢驗的生理用品只有兩款 o.b. 指入式棉條，其他四十五個都是不同品牌跟不同規格的衛生棉，兩相比較，棉條市場實在略顯貧乏。

這種落差便成了凡妮莎的創業契機。她先是在奇摩拍賣上架一些美國品牌的導管式棉條，一年下來遇到不少客人。這些客人並不是因為要出外遊玩才暫時換用棉條，而是一群固定的棉條使用者。她們會定期回購，可能一次就買兩、三個月的量；她們不喜歡指入式棉條，更偏好導管式棉條，並且願意嘗試各種品牌與型號。她們也熟悉網路購物、換物及交易規則，而且可能會在批踢踢女性性版（feminine_sex）、女版（Women Talk）及 BabyHome 寶貝家庭親子網的討論區出沒、留言跟討論。

但是，在網路無照販售醫療器材是違法的，代買／團購、二手販售／贈送醫療器材和保健用品的人，當中便有些誤觸法網的例子，比如在討論區轉賣多出來的一歲以下嬰兒奶粉、表飛鳴、束腹帶，或者代購國外藥品跟生理用品。不少人接觸跟分享這類資訊時，一開始都沒有想過這些民生用品也是醫療器材。不管是基於惜物而轉讓，或者是加減賺零用錢，只要賣出去到消費者手中，直到使用完畢，這個環節仍要由國家專責管理及監督。我們找出當年跟棉條有關的部落格文章，都還能看到一些使用者分享不同棉條的比較心得，並隱晦地說，台灣市面上很難找到哪些款式，要「另尋管道」。各縣市衛生局對網路無照販售藥品、醫療器材的罰款，多少遏止了一部分的地下代購活動。

短暫的一年留學生活過去，回台後凡妮莎停止代購棉條，但勤寫電子報不輟，依舊跟老顧客分享國外的棉條新知，以及跟月經有關的各種訊息。二〇〇六年，她當時的男朋友向她提議「何不進口國外棉條」？電子報讀者就算能夠知道國外棉條產品的多樣性，但不是每個人都能出國工作、念書或旅遊，更別提要長期持續購買與使用。如果能夠穩定供貨，既能找到自己想做的事業，也能幫助到其他跟她有同樣需求的女性。

這的確是個好主意。家裡從事跨國貿易生意的凡妮莎，在耳濡目染之下，對進出口貿易並不陌生。考慮沒有很久，她決定先聯繫進口商，取得幾十箱貨櫃的棉條。一切乍看很順利，直到貨櫃準備登船時，台灣報關行問起：「作為輸入醫療器材的業者，你的醫療器材許可證在哪裡？」這難倒了當時的她，棉條屬於二級醫療器材，製造商跟輸入醫療器材的業者都必須申請查驗登記及許可證，才能製造跟進口。她恐怕沒想到，自己未來要花上四年的時間，才讓導管棉條在台灣合法上市。

想要多知道藥事法的規定跟分類規範，當時的公務機關網站跟查詢系統並不健全，從衛生署的入口網站轉到各縣市衛生局，恐怕在裡面兜兜轉轉，都不一定能找到正確的網頁。一般人很難用中文品名跟許可證種類查到醫療器材清單，若不是有人另外整理，就只能從新聞稿或者相熟的醫療人士處獲得約略的訊息。原本只打算處理進口跟銷售棉條的小生意，這下若要申請醫療器材許可證，就要觸及商品的製造流程，提出各種文件跟接受醫療器材查驗登記審查。對沒有醫學或者生物科技背景的凡妮莎而言，她有預感這不是一個人做得來的，但她或許可以找到想來台灣拓點的外國廠商，談代理還比較可行。

凡妮莎原先計畫找國外品牌 playtex（倍得適）談代理。她一個人要談代理，壓根沒有門路可求，便研究 playtex 的公開資訊：股價。接著她試著寫信給股票部門的聯絡窗口，

從代購、代理轉念為自創本土品牌，與台灣嚴謹的法規息息相關。新創者總是得耗費許多時間在證照、標章等取得。在報導中凡妮莎坦言，這些繁瑣且冗長的過程，一度讓父母非常擔心她的身心狀態。

試圖聯繫到進出口貿易的負責人。playtex了解凡妮莎的計畫後，便將她轉介給playtex的亞洲區總監。這時凡妮莎發現，原來playtex的亞洲區總監是台灣女生！有趣的是，她曾私下問這位亞洲區總監是否使用過playtex棉條？對方的回答是：一次都沒有用過。

在接下來的一、兩年間，她們斷斷續續地討論出一套銷售企畫，與此同時，凡妮莎奔走衛福部，申請醫療器材許可證。豈知程序進行到一半，playtex卻宣布公司已被勁量（Energizer）買下，進口棉條的相關事宜就交給勁量的台灣分公司裁量。一旦更換原廠，很容易受到品牌商業布局的影響，它們是否會看中台灣市場進而長期耕耘，她日漸覺得這是未定之數。事情發展到這程度時，凡妮莎判斷代理國外品牌有其難處，棉條公司只要轉手易主，她就要重談一次代理權，重新申請台灣的醫療許可證，曠日廢時不說，棉條還可能會斷貨，這並非是她樂見的。她也在琢磨本地廠商的態度。對於本地衛生棉代理公司而言，當衛生棉仍有獲利時，棉條的推廣教育成本跟銷售額相比，實在不如衛生棉的銷售。而本地製造商一來受到醫療器材法規的生產及廣告限制，加上市場規模考量，並沒有非得要為台灣市場取得製造許可的必要性。有些台灣工廠能做棉條，但是不賣台灣，只幫英國品牌做代工，因此沒有製造及設計適合台灣女性的棉條棉體以及型號尺寸。這也顯示出廠商的觀望態度——台灣衛生棉條的市場真的不大。

許多事情在二〇一〇年凱娜上市後才算揭開謎底。凡妮莎曾受邀跟衛生棉大廠面會，席間彼此分享對棉條市場的觀察。他們認為台灣這個市場還在發展中，恐怕不適宜打價格戰。而在互探口風的時候，凡妮莎也意識到，對於這些大廠來說，相較於衛生棉部門，棉條部門不是個賺錢的單位。衛生棉部門的高比例收益，可以讓棉條部門持續存在，就算棉條賠錢，帳面收益還是正字，但也因為效益不高，影響到大公司行銷部門的政策。種種波折，逐漸讓她下定決心，自己不只是要建立品牌，還要設法維持長期供貨，棉條要能持續在市面上流通，最好是她一次做到位，建立一條完整而獨立的產品線。

國家對小棉條的看法——
高標準的醫療器材製程

凡妮莎固然在意醫療法規對女性的不利，但若要輸入或者製造醫療器材，就得遵守醫療器材法的規範，因此她展開了與「醫界對女性身體的普遍看法」、「國家醫療法規」、「國外醫療器材工廠」及「女性消費市場」多方周旋的棉條製造之旅。

早在女性科技研究者成令方、許培欣發表〈棉條在台灣為什麼不受歡迎？社會世界觀點的分析〉之前，時間回到二〇〇六年，兩位學者就曾合撰〈小棉條，大問題〉，並投書《中國時報》的時論廣場專欄A15版。她們指出，使用衛生棉還要擔心外漏，這種心理負擔會成為女性運動的阻力。而女性為何不想或者不去選擇棉條？這個問題並非只是女性不想使用，

進一步說，從未使用過棉條的女性，不一定知道正確的使用方式，但對於不當使用棉條的後果疑慮很深。同時醫療法規的限制，連帶影響棉條的製造、上架跟廣告等層面。對照衛生棉不屬於醫療器材，並不需要受醫療法規的限制，兩者市場能見度差別很大。

棉條屬二級醫療器材，根據一九九一年衛署字第 991169 號規定，要求棉條廠商要在棉條的產品仿單中加註以下文字：

① 使用類別為需經醫師指示使用
② 包裝、仿單除應本署衛署藥字第 360839 號公告刊載警語外，並應加刊「未婚女性應注意小心使用」之警語。
③ 包裝、仿單不得出現「對處女膜絕無傷害」或類似意義之字句。

且違反標示規定者，可處新台幣三萬元以上、十五萬元以下的罰鍰。這些規定一直到二〇〇九年才廢止。

副本
（張貼本署公告欄、刊登公報）

行政院衛生署公告

80.11.1 衛署藥字第九[illegible]號

副本收受者：台灣省政府衛生處、台北市、高雄市政府衛生局、台灣區衛生器材工業同業公會、台北市、台中市、台南市、高雄市儀器商業同業公會、台北市、台中市醫療器材商業同業公會、本署藥政處、嬌生股份有限公司、嬌聯實業股份有限公司、英商德記洋行有限公司台灣分公司

主　旨：為保障消費者之使用安全，公告衛生棉條之使用類別、應加刊警語及其他事項，各廠商應於八十一年四月一日前依公告事項刊印，逾期未辦理者，依藥物藥商管理法有關規定處理。

公告事項：衛生棉條使用類別，應加刊左列警語及其他相關事項：

一、使用類別為需經醫師指示使用。

二、包裝、仿單除應依本署71.2.25衛署藥字第三六〇八三九號公告刊載警語外，並應加刊「未婚女性應注意小心使用」之警語。

三、包裝、仿單不得出現「對處女膜絕無傷害」或類似意義之字句。

署長　張博雅

民國八〇年衛生署頒布衛生棉條相關公告。

不僅如此，相信使用棉條會破壞處女膜的觀念，並非台灣獨有，但台灣廠商的確受到較多限制。台灣約略在一九七〇年代就引進衛生棉跟棉條，鄰近的日本則早在一九五〇年代將棉條列入醫療器材並上市。日本月經史研究者田中光[30]指出，一直到一九六〇年代末期，日本市面上已有Tampax（丹碧絲）、安妮、o.b等衛生棉條廠牌，但棉條使用率依舊不高，因為她們仍會擔心處女膜的受損跟破裂，進而影響往後的婚姻生活。但是棉條廠商如安妮會社（アンネ株式会社）的廣告文宣，並未因此卻步，反而積極宣導醫學常識，希望能破除月經污名跟處女膜迷思。即便當時生理用品的廣告仍被視為「涉及私密」，不該在電視上的孩童收視時段、用餐時間、黃金時間以及戲院跟報紙全版廣告露出，但是安妮會社於一九七〇年代間仍在婦女雜誌《婦人公論》登過廣告，主打身體知識的除魅，比如文案會出現人體醫學的說明，像是「處女膜不是一層膜，而是一圈皺褶」，以及所謂處女膜其實「是種黏膜組織，具有一定彈性」等文字。

醫療器材法規原意是想清楚界定器材對人體身體結構及機能的影響，以及規範廠商不要誇大產品效果／療效，但是醫學知識的建構及當責機關制定的相關法規，並無法外於社會，也會受到地方民情影響。成令方、許培欣兩位學者便指出，處女膜迷思並非單單讓女性不敢使用棉條，也影響本地醫師群體對於婦女醫學的看法，而棉條廠商受限於法規，少了一個為女性除魅、做健康教育的管道，這也使得因此當凡妮莎決定要發展屬於在地的棉條品牌時，難關重重，商業跟國家的互動實在沒有想像中暢通。

從二〇〇六年到二〇一〇年，在凡妮莎申請到導管棉條的醫療器材許可證的這段期間，當責機關是衛生署下的藥政處（歷經兩次升格改組，今日則是衛福部食藥署下的醫療器材及化妝品組負責）。以美國食品藥物管理局（FDA）的醫療器材管理辦法加上全球醫療器材法規協和會（GHTF）為基礎，台灣當局依據現行醫療器材管理辦法第二條，醫療器材依風險程度分成三個等級：第一等級為低風險性，如醫用口罩、聽診器等；第二等級為中風險性，如保險套、棉條、軟式隱形眼鏡及血壓計等；第三等級為高風險性，如人工水晶體、心律調節器、動脈支架等，近期還新增一個等級「新醫療器材」，也屬於高風險性。

醫療器材要能上市，只持有營利事業登記證是不行的。跟一般廠商不同，醫療器材製造商還要再取得醫療器材許可證，許可證的核發需先經過查驗登記，申請流程其中最困難的檢附文件是工廠登記證（製造廠品質系統），工廠管理規範乃是依據國際公認的「醫療器材品質管理系統標準」（ISO 13485）而定，並且也要符合設廠標準，國產廠尚以取得「製藥工廠管理」（GMP）認證為主，但輸入廠則是要提出「輸入醫療器材品質系統文件」（QSD），證明委託製造廠有取得 ISO 13485 證書，以及申請的產品品項是否一致，甚至還要提交全廠配置圖跟製造作業的區域配置，並說明生產的品質管理跟滅菌程序等。

凡妮莎選擇以色列的棉條代工大廠為自己品牌的製造者，這也代表她必須協助跟確保製造廠取得台灣的 QSD 認證，其製造產品才能申請查驗登記[31]。這籌備過程非常曠日費時，凡妮莎在產品還沒上市前，就必須先投入很高的時間成本，跑完所有手續。財團法人醫藥品查驗中心近期統計，食藥署受理第二等級醫療器材查驗登記申請，光審查程序就長達兩百天，而在十多年之前，於只有中文申請書範本的情況下，還要翻成英文才能跟他國當責機關申請文件。比如因為輸入廠位於以色列，因此要繳交「出產國製售證明」，這必須由輸入廠向以色列最高衛生主管機關申請官方文件，再送去台灣外交部確認為正本，再送去駐台拉維夫台北經濟文化辦事處（即台灣駐以色列代表處），確認所附中文翻譯文件和原文文件有等同效力，才能呈遞給承辦人。凡妮莎大致算過，文件送進去後，大約都要等上三個月，結果出來之後，還要再花上

三、四個月去準備下個階段的任務。或許大家會想：如果慢慢做，不總是做得完嗎？但是準備資料裡有一項「原廠授權登記書」，原廠必須出示文件，說明申請廠商就是其在台灣的經銷商，然而期限是出具日期一年內有效。因此怎麼抓準許多查驗登記文件的申請及繳交期限，本身就關乎專案管理能力。

凡妮莎思考過台灣跟以色列製造棉條的機會成本，決定由國外工廠製造棉條再進口，在生產成本、品質以及價格之間，才能取得比較利益的優勢。決定找以色列的代工大廠，一部分原因固然是台灣市場規模太小，要工廠為了小小的棉條訂單申請GMP查驗登記，並不容易，相形之下，以色列廠規模較大，對於接全球訂單一事相對熟悉，知道為何要提供這麼多審核文件；另一部分原因則是產品目錄選擇多，可以訂的品項較多，當中能明顯看出棉條設計的細緻程度，凡妮莎很在乎塑膠導管前端的花苞開口跟邊緣是否會太利太刮、使用起來是否舒適，然而要花這麼多時間精挑細琢，還不一定能確定有這研發技術跟市場潛能，體系成熟的國外代工廠是當時一人公司的她看起來最合乎溝通成本的選擇。

與此同時，產品本身也要向衛福部提出證明文件。比如說要有產品結構、材料、規格、性能、圖樣等資料，也要附上仿單（型錄）、說明書、包裝及標籤，說明產品設計確實有效而且安全無虞，比如她就測試過棉條所附的棉線能承受多少拉力，什麼情況下才會斷掉，還另外測試棉線耐受力的極大值。

當凡妮莎決定要自己來做棉條品牌時，棉條作為一項行之有年的產品，已經有很多不同形式可選，有塑膠導管、有不一樣的長短、也有紙製導管，當然也有台灣人較為熟悉的指入式，除此之外，有的是偏流量少、有的偏流量多。「我那時候就選塑膠導管，畢竟台灣已經有指入式跟紙導管。」因此凱娜特地選用花苞頭的塑膠導管。

同時，塑膠導管也有分種類，有一款是像吸管圓柱，前端直接平切掉，像珍珠奶茶的吸管般，有些人會覺得在置入的時候，切掉的邊邊很刮；另一種就是前端會做成花苞形狀，她認為這是世界上最好用的塑膠導管型態。接下來是相對快樂的採購行程：她拿到產品目錄，從目錄裡選擇要進哪一些品項，有不同的棉體、不同的塑膠導管、單一包裝（單支棉條的包裝）、可以印刷什麼圖案等等。

凱娜一開始只推出 R（regular）跟 S（super）款，就是我們所知道的「普通」跟

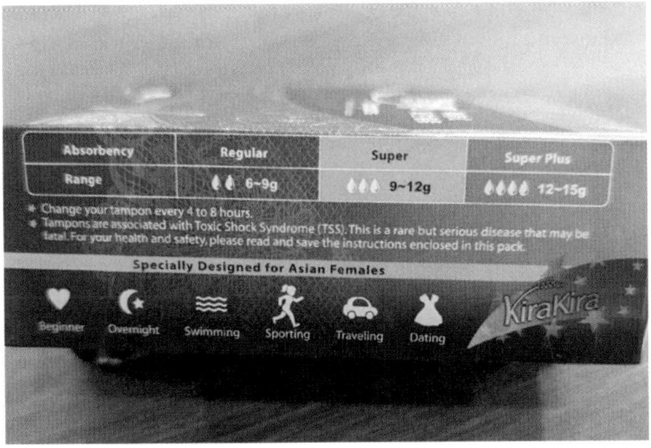
Absorbency
Range
Regular
6~9g
Super
9~12g
Super Plus
12~15g
Change your tampon every 4 to 8 hours.
Tampons are associated with Toxic Shock Syndrome (TSS). This is a rare but serious disease that may be fatal. For your health and safety, please read and save the instructions enclosed in this pack.
Specially Designed for Asian Females
Beginner
Overnight
Swimming
Sporting
Traveling
Dating
KiraKira

水滴標示是採國際通用標準，因此即便各家衛生棉廠商對於量多、量少的標示不同，只要認水滴標示，就能區分。

「量多」。這是參考當時 o.b. 在台灣也只販售兩滴水跟三滴水的款式，只是 o.b. 將兩滴水標註迷你型，三滴水標註普通型。「可是三滴水明明是量多型，o.b. 這樣（標示）會讓人覺得它的棉條吸收力比較好。」我們忍不住跟凡妮莎請教所謂的「量少」、「普通」、「量多」，各家廠商用語都不同，到底該如何區分？她告訴我們，無論中文標示為何，水滴標示是國際通用標準，中文標示則是台灣廠商自行標示，因此使用者只需要從水滴標示來判斷流量即可。

獨立品牌的兩難：

——成本與獲利的抉擇

凱娜目前主打的是置入型生理用品。凡妮莎說：「會想專心經營棉條這塊市場是因為台灣的棉條品牌很多，但唯一在做棉條知識教育的只有我。這件事一直都讓我很開心，也很拿手，所以我會朝這個目標去做。」

一開始她沒有將全系列的導管棉條都出齊，而是先推出了長、短導管，再來是不同流量的導管，最後也推出指入式以及紙導管，這些嘗試也是想拉出市場區隔，讓市場比較多元化（提供消費者各種流量的選擇）。指入式棉條商品看似重複，因為市面上已經有o.b.的指入式棉條，且凡妮莎本身其實不愛用指入式棉條，但基於環保因素，她還是認為要提供這個選項，也能吸引消費者認同這個品牌。然而凡妮莎不是只有純粹的市場考量，當她在考慮要新開產品線時，也表現出自己性格的特色，比如光是導管棉條的導管，她就會訂購紅色、藍色、綠色等顏色，且在出貨時混在一起，讓消費者就連在一次性使用時，也能有不同的驚喜。「不知道今天會用到哪一個，心情很好，（販售）到後來是在提升女孩心裡的舒適度。」

這種很少女心的部分，也跟凱娜對於包裝上的心思類似。凱娜第一代產品包裝有著繽紛的花朵以及閃亮亮的雷射膜，凡妮莎不諱言年輕的時候喜歡 KiraKira（日語閃亮之意）的視覺，還因此把 KiraKira 兩字作為凱娜的英文名字。不過，隨著年紀的變化，喜好也會改變，凱娜的包裝幾經變易，現在的設計就比較簡約。「只是有一些是我沒辦法控制的。像今年新出的有機款，凱娜的 logo 就印得超大，很俗氣。」這是因為現在包裝袋的材質選用撕開時較安靜的紙材，讓使用者在撕包裝袋時不會有聲音，在公共廁所裡也不會太引人注意。再者，單支包裝放在包包裡也不會磨損，隨意一塞就能帶走。不同的包裝袋材質，印刷方式也不同，這下子 logo 就要印得更大，網點才會打得漂亮。到底單隻棉條包裝要乾乾淨淨不印 logo，保留設計感？還是要印上大大的凱娜字樣？凡妮莎想了想，大部分的使用者通常買入一盒新棉條，就會丟掉紙盒，只在廁所放上幾支。這樣就很容易跟其他牌棉條混放在一起，印上logo還是比較好的選擇。Logo與包裝的取捨當然也不會是凱娜唯一的難關，成本影響定價，銷售影響產品線的齊全度，這才是真正考驗一個創業者的抉擇能力。「我很早以前就知道，不能像大公司一樣定價，因為我們沒有別的項目可以損益兩平。」當時凡妮莎看了很多國外公司的發展趨勢，可以敏銳地知道一個品牌的品項變化，誰拓展了自己生產線，誰升級了，而又誰沒有。在這樣的過程中，凡妮莎更確定，公司要徹底按照自己的風格發展，「產品的毛利完全不在我的主要考量，我只要知道不會賠錢就可以了。如果一直看產品賺不賺，那一定會影響你的決策。」

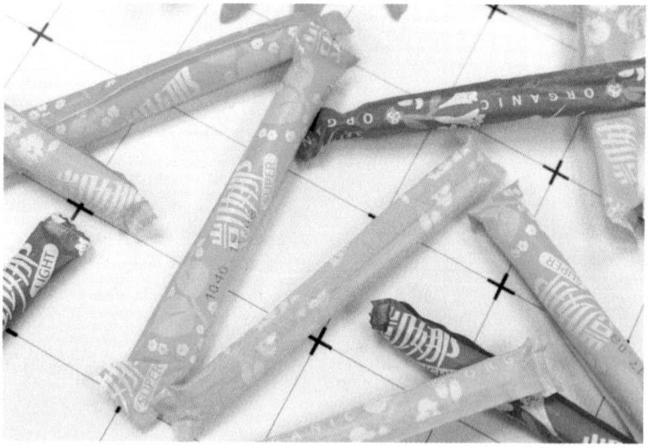

設計感、品牌與自己的喜好該如何選擇？為了讓棉條使用者更自在（撕包裝時不會因為產生聲音而尷尬），凡妮莎選擇較安靜的包裝紙材，logo也基於印刷材質考量，不得已印得大大的。

這張看似普通的產品圖，其實也隱含了凡妮莎的任性。其中 Light 款式，也就是所謂的一滴水款式，無論在台灣還是全球都銷售不佳。但凡妮莎認為一滴水的款式相當好用，於是即便入不敷出也要將一滴水款式留下來。她甚至認為這就是創業的好處之一。

「比如說到量產，我們家的一滴水賣得極爛，但我就是要讓它留在市面上。就算銷售爛到全部通路都下架，採購說銷量太低要下架，下架到只剩凱娜自己的商城販售我都要出，因為我自己覺得一滴水好好用。所以決策不是只有純粹的商業考量，我會撐著就只是因為我覺得這很重要。」也許這個產品到後期有很多庫存要報銷，但只要跟工廠之間維持一個最低的訂購量，這個產品即使不賺錢也要出，她說，「對我來講就是一定要存在。」這也呼應到我們在採訪布衛生棉品牌時，所有生理用品研發者皆會產生的初衷：因為覺得好用、因為缺乏，所以我要自己做。

二〇二〇年，凱娜再度面臨成本跟獲利難兩全的問題。工廠對她說，你現在訂的棉體我讓你訂最後一次，之後棉體全都要換有機的了。這件事起源於二〇一九年七月，工廠跟凱娜發了一封信，說明因應全世界的環保潮流，把廠內大部分的產品改成有機款棉體；凱娜之前訂的貨還是有，但規格不一樣。凱娜要不是就現有產品規格下訂，或者就要變更規格，又或是直接下單有機系列的產品。「我們的常賣款只會留一款，就是深藍色的導管，其他款都變成有機款。」這是凡妮莎斟酌工廠變化之後做出的決定。

有機棉款的成本比過去化纖款要來得高，凡妮莎也曾想過不漲價，用化纖款價格供應，利潤都給通路。然而賠掉毛利，凱娜也沒有辦法從別的地方生出這筆錢來平衡損益。「有一陣子我慌了，很擔心台灣的市場，亂了手腳。我以為給客人更好的東西，反正是用我現在賺的錢去賠，我不去管毛利，就可以把客人留下來。我知道這對客人來說是有利的。但後來我領悟到，我不能不管公司的營運。客人會因為我賠錢販售品質較好的商品，便認為凱娜是一個很有價值的品牌嗎？我不覺得。客人搞不好還會覺得你東西沒有很好，才會這麼低價賣給我。」

工廠因應環保減少化纖棉體產線，使得凡妮莎被迫改變生產線的規畫，但她認為這是一件好事，許多生理用品的使用者本來就很在乎環保，包含凡妮莎自己。如今凱娜終於可以逐漸走向環保這一步。她也拆解棉體的不同材質給我們看，仔細說明差異性。

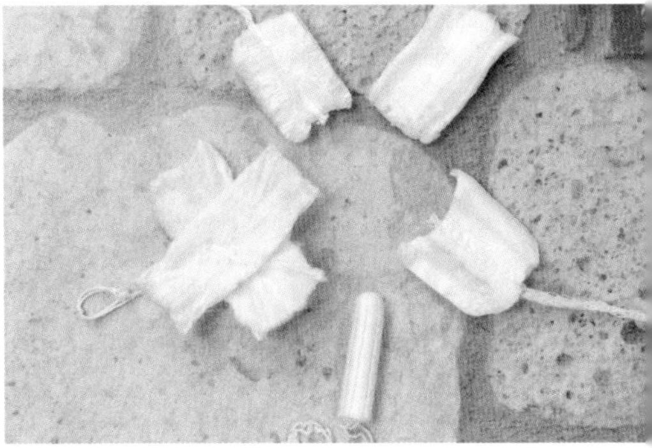

凡妮莎再度來到二選一的時刻：一是降低商品訂價、提高消費者嘗試有機棉新款的意願，二是定價在扣除成本之後仍保有一定利潤，兩者之間的權衡，對凡妮莎來說並不容易。公司要有盈餘才能長期營運，並且使商品持續穩定在市場上流通，而要能夠做到這件事，上架費、合約費都是成本，同時公司未來開發新品，這些也需要成本。因此不管怎麼定價，都要能讓公司獲利，而且能養得起自己以外的員工。獨立品牌的棉條，一開始就很難走低價路線。

以上是凱娜棉條之所以能持續在台灣銷售的故事，但是凡妮莎對凱娜的期望不只如此。凱娜這個品牌自從將棉條產品線陸續出齊之後，又推出了月亮杯、布衛生棉、吸血內褲，二〇二二年甚至要進展到月經碟片。凡妮莎說，「我現在覺得凱娜已經不是棉條品牌了。原本我從想變成『台灣第一個棉條品牌』，到『最完整的棉條品牌』，後來又想著要做『最多品項的棉條品牌』，到現在，凱娜就是一個全方面的生理用品品牌，一座月經遊樂園。提倡不同的生理用品選擇權。」

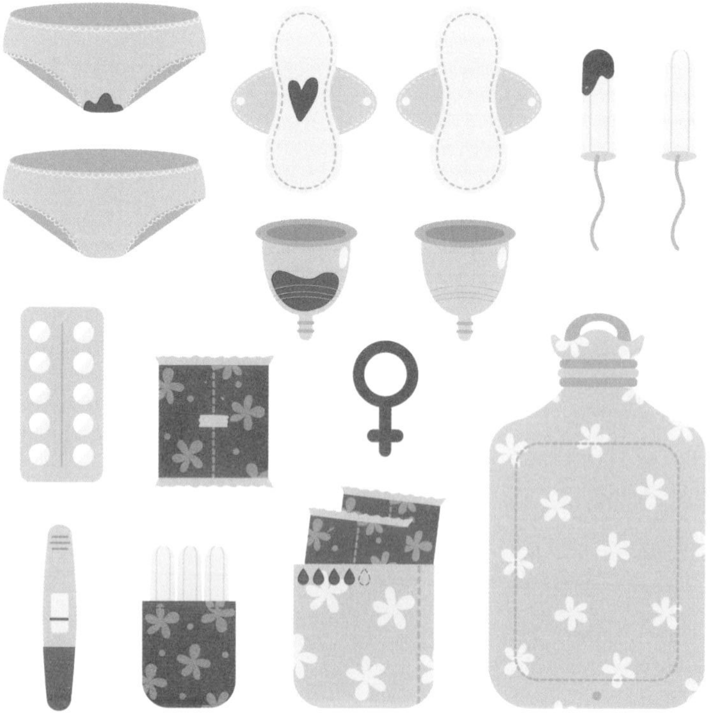

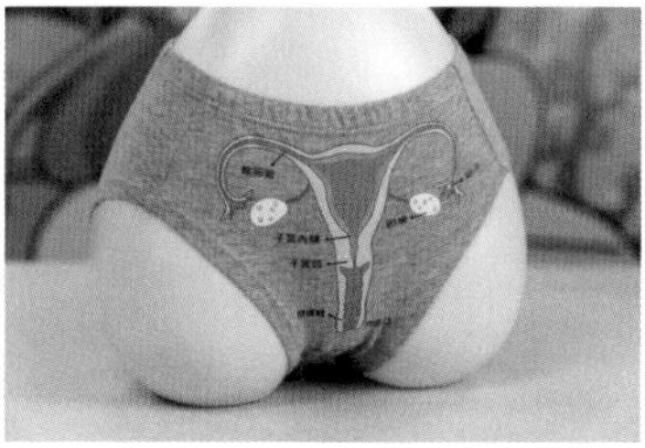

棉條是置入性的用品，特別需要突破消費者使用時的心理障礙，凡妮莎因此投注許多心力於月經教育的推廣，她的辦公室隨時放著教材，以便校園演講時能夠帶著模型與學生示範。凱娜也出了「子宮教育內褲」，搭配圖解小卡，希望讓孩子從小就能認識自己的器官，減低孩子對於身體未知的恐懼心理。除此之外，還有 DIY 的月經手環，以 28 天來一次經期、一次來 5 天為基礎，以紅色代表經期、粉色代表排卵期、深棕色代表月經將來的症候群日子，白色則為賀爾蒙的平穩期。

28 根據台灣衛福部西藥、醫療器材及化妝品許可證查詢網站，檢索日期：2021年11月2日。

29 消費者文教基金會，〈47件衛生棉（條）大車拚〉，《消費者報導》298期，頁37-45。

30 田中光，《從安妮到靠得住：從禁忌到全球大生意，生理用品社會史》（2017），（台北：遠足文化）。

31 根據中央法規「醫療器材查驗登記審查準則」。

GIRL POWER

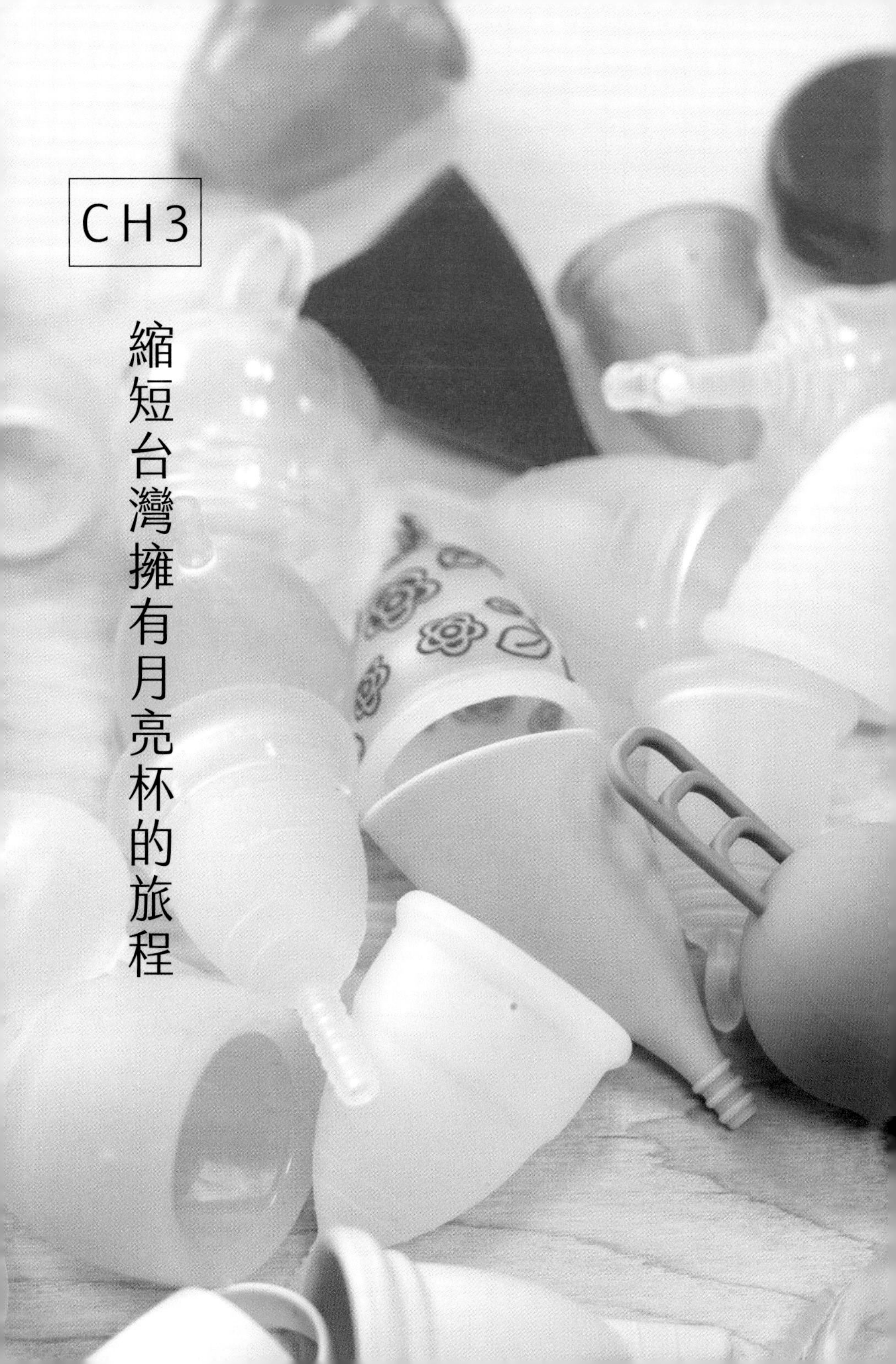

CH3

縮短台灣擁有月亮杯的旅程

台灣女子如何擁有月亮杯

凡妮莎曾在二〇一三年五月左右在凱娜 KiraKira 粉絲團舉辦活動「難以忘懷的棉棉歲月」，徵求「重度棉條長期使用者」在經期第三天的全天使用衛生棉，並寫下從棉條換回衛生棉的心得，贈品是五個英國 Femmecup 月亮杯。活動參與者紛紛表示，再次使用衛生棉，那種坐立難安跟悶熱的感覺又會重新回來。

月亮杯的使用難度比棉條高出許多，且在網路生理用品社群當中，它也被許多棉條使用者視為下一個挑戰對象。因此這個活動把月亮杯作為贈品，其實非常有吸引力。史文妃在她的論文裡，便記錄了網友烏哈 Uha 說：「感覺女性經驗值提升三步驟就是衛生棉↓棉條↓月事杯這樣XDDDD。」網友501也認為，從衛生棉換成棉條，再從棉條換成月亮杯，是一種「進化」。畢竟棉條通常是一小根直徑不到一公分，長度五公分以內的小圓柱體，塞進陰道，推進兩個指節的長度，來到陰道穹窿（Fornix vaginae），這還可以想像；但要把一個矽膠材質的迷你杯子，折成C型，塞進陰道穹窿，然後斜上四十五度推進，角度還要正確，這個迷你杯子會在裡面展開，底部抵住陰道，杯口順利承接滴滴答答的經血，這——就連資深棉條使用者都需要花一些時間才能上手。有些人則是知難而退，回去使用棉條。

然而月亮杯還是有其好處：

①經清潔消毒後可多次使用，效期長達五到十年，可達到垃圾減量。

②沒有異味。

③省錢。

④材質安全，不會過度吸收分泌物，導致陰道環境的改變。

這些好處使得台灣女性能在國內還沒有月亮杯的情況下，仍設法取得使用。在

早在本土的月亮杯上市前，台灣的使用者就從國外購入許多不同款式的月亮杯。儘管一般人在一段時期內只會使用一到二個月亮杯，但是隨著高低宮頸、個體差異以及對軟硬不同材質的需求，這讓月亮杯有著不亞於棉條的選擇性。

批踢踢女性性版（feminine_sex）的精華區，即便許多精彩文章已經消失，但目前仍可以看到自二〇〇七年開始，便有人分享英國 Mooncup、加拿大 Diva cup、芬蘭 Lunette 的購買和使用經驗。

當你買了一個月亮杯，並開始使用，通常五到十年內不會需要再買第二個，就算想買第二個或者第三個，也會想換個品牌試試看。因此月亮杯的回購率很低。棉條是消耗品，使用者可能會更換品牌，但仍需要定期回購。這種消費形式構成獨立品牌凱娜導管棉條的存續基礎，且能夠持續生產棉條產品，並在藥妝店等通路穩定銷售。當時凡妮莎就知道，凱娜的主力商品是棉條，開發月亮杯會跟棉條產品線產生衝突，不利自己主力商品的銷售，但是凡妮莎仍持續觀察網路討論，注意大家對不同生理用品的接受程度。

跟棉條情況類似。歐盟將月亮杯歸為民生用品，並非醫療器材，但是台灣醫療法規深受美國影響，同樣判定它屬於二級醫療器材，廠商要生產、進口或者代理，皆須取得醫療許可證，此外，若是託人從國外代購或者在國外網站訂購，器材要經過一個月的公文往返，你要向衛福部提交醫療器材專用個人自用切結書、貨品進口同意書申請書三聯、醫生診斷證明書及處方、國際包裹招領單或海關提單影本、申請人身分證影本正反面及醫材資料，依程序取得衛福部核准函跟通知單，交給海關後，才有辦法順利收到物品。

除了公文往返繁瑣之外，申請文件當中最容易引人疑竇的是醫生診斷證明書：即便你是因為環保永續跟長期使用成本等考量而改用月亮杯，但是仍要取得病理診斷，由醫生證明使用月亮杯的必要性。然而，國內婦產科醫生對於生理期的見解，主要仍是跟經痛病因有關，很少會知道、或者跟病患做不同生理用品的衛教。這也帶給有心想使用的入門者一些困難。即便可以說服自己這只是一道程序，一個理由，然而購買

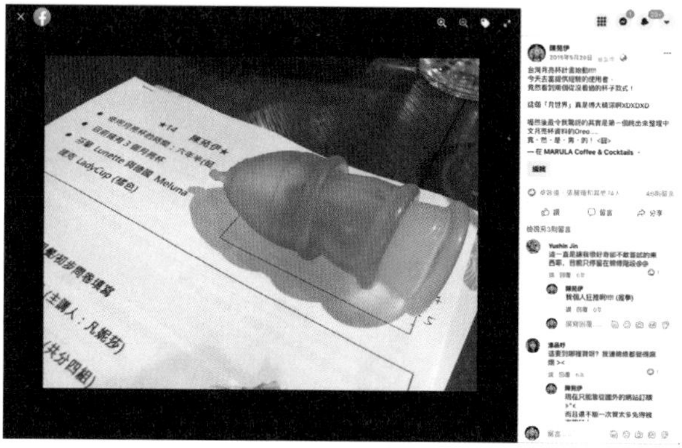

陳苑伊
2015 年 5 月 20 日
台灣月亮杯計畫始動！！！！
今天去當提供經驗的使用者，
竟然看到兩個從沒看過的杯子款式！
這個「月世界」真是博大精深啊 XDXDXD

喔然後最令我驚訝的其實是第一個跳出來整理中文月亮杯資料的 Oreo……
竟。然。是。男。的！<囧>

月亮杯，也只是想要降低經期的不適跟經血的存在感，為何需要提出那麼多理由才能爭取到呢？

如果台灣有自己的月亮杯，上述購買月亮杯的困難是否就會迎刃而解？往後想用月亮杯時，是否附近的藥妝店就可以買到？大家對於月亮杯的市場會有什麼期待？抱持著這些疑問，凡妮莎想跟這些月亮杯使用者見面聊聊，因而舉辦了一場焦點團體訪談，或者形容得活潑一點，就是「網友見面大會」。二〇一五年五月二十日那天，全台有在使用月亮杯的人應該大多數都在這裡了，她們之中有上班族、學生、舞者、老師，換言之，她們的樣貌分布多元。

在當時，這些月亮杯的使用者在周遭生活中尤其特別，並不容易遇到那麼多同類，往往是在較為孤單的情境下摸索學習。凡妮莎舉辦的焦點團體訪談，是她們第一次在生活中遇見這麼多同為月亮杯的使用者，令人興奮且激動。當天大約三十幾個人，分成四到五組，一組六個人，分組的邏輯是：剛開始使用的人一組、半年內的使用者一組、使用一年到兩年的人一組，而使用經驗零的凡妮莎，則是親自來帶資深組——想跟五年以上的使用者交流。

資深組對月亮杯的使用跟台灣要做自己的品牌完全沒有任何問題。「其他組的問題很多，首先不好買、很貴、打開之後不敢放、放了放不進去、放了後放不對、放不對拿不出來，你能感覺到大家的疑慮非常多，但這組完全沒有。」她想這是因為有倖存者偏差。「我們問大家有問題嗎？每個人都一臉放空：『好像還好欸。』」這群人似乎只把新手的常見問題看作熟悉過程中的小小挫折，不會認定「這產品就是跟我八字不合」，反倒是強調當她們克服所有狀況後，那種宛如月經不存在的無感狀態，比什麼都值得。

凡妮莎跟資深組的對話，讓她意識到生理用品的設計者可以肩負的責任。一開

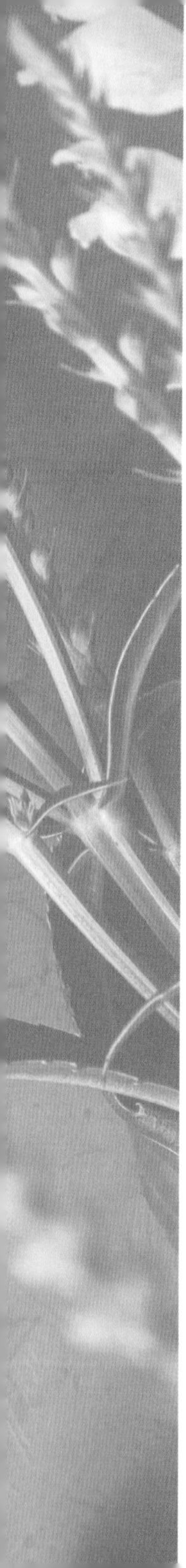

始產品設計時，就應該要提供許多協助，比如設想入門者會遇到哪些問題，最好能幫助她們完全不遇到這些問題，這才是推出新產品的意義。技術上，月亮杯設計並不困難，它就是一個矽膠材質的小杯子，困難的是使用者的個體差異，適應期間可以縮到多短，短到讓她們想放棄之前就上手。要成為一個東西的長期使用者，就必須使用順利、不會遇到問題，因為每個你遇到的問題都會把你擊敗，逼迫你使用其他產品。這場聚會中眾人看著她充滿期盼的眼神，使她下定決心，要來做台灣自己的月亮杯。

「大家等我，我以後不是棉條教主，就會是月亮杯母后！」

Formoonsa Cup，

月亮杯群眾集資上路

焦點團體訪談後，凡妮莎選擇用群眾集資的方式推動台灣月亮杯上市計畫。「台灣月亮杯群眾集資專案」集合的不僅是大家的資金與願望，凡妮莎也透過投稿的方式徵選出台灣月亮杯的名字：俏皮地結合代表台灣的 Formosa（福爾摩沙）與代表月亮杯的 Moon Cup，月亮杯的英文名字便為 Formoonsa Cup。

台灣月亮杯的集資有個重要的意義，並非只是限量預購，而是在集資出貨前需要完成申請及生產的相關手續，解決產品合法性的問題。假使集資能夠成案，台灣第一個月亮杯產品的上市也是重要發展指標，這能帶起女性生理用品的相關討論，正向改變社會過去避談

台灣月亮杯群眾集資專案獲得極大的成功，原先凡妮莎預設三百萬元達標，最後募得總額一千萬元，足以證明台灣生理用品市場有其更新的必要。此為集資網站的主視覺設計。

月經的氛圍。除了衛生棉，要是棉條、月亮杯等其他選項也能一直在台灣市面上穩定流通，且持續降低生產及購買的門檻，生理用品的多元性市場就有機會持續成長。

凱娜的經營模式相對簡單，產品一開始只有棉條，因此出貨流程也不複雜，主要是跟海外製造商聯繫、辦理報關手續、入庫跟寄送等。這次遇到月亮杯的研發跟新計畫，便向外找人合作。台灣月亮杯群眾集資專案的核心團隊成員只有四個人，凡妮莎、史文妃、陳苑伊以及當時專案顧問集資平台「貝殼放大」的窗口。凡妮莎本身是發起人，負責做大方向的決策；而寫完碩士論文〈小棉條兒帶領的奇幻旅程〉的史文妃，一心想要從事能讓自己充滿熱忱的工作，在凡妮莎邀請之下離開廣告公司，負責專案執行；至於焦點訪談中屬於資深使用者組別的陳苑伊，本身就是工業設計師，也被凡妮莎邀請來協助月亮杯的產品設計。

月亮杯之所以需要走群眾集資，有兩個理由，一是生產成本過高，只靠凱娜兩、三個人的小公司無法負荷；二是月亮杯的製造需要申請醫療器材法規的許可，甚至有可能不會成功，風險很高。而不同的集資平台對於計畫未完成也有不同的要求，比如產品有爭議，或者無法如期出貨，參加集資的人是可以申請退款的。凡妮莎可以說是賭上一切熱情（還有金錢！）在執行。

凡妮莎給集資門檻設計的達標金額為三百萬，然而她必須考量的問題並不是集資能否突破三百萬，而是製作月亮杯的成本不只三百萬。就集資機制而言，支持者要是看到一個過高的門檻，便會有無法成案的預期心理，支持度會變低；因此凡妮莎在設定成案的金額時，便想將數字調低，提高啟動專案的可能性。

同時，月亮杯的產品特色就是客戶購買頻率很低，入手門檻太高，而且一用就是三到五年，不太可能再回購。這種情形下，凡妮莎出貨完一波月亮杯之後，很難推估下一單的時間點，也就很難請專人長期做這件事。集資門檻的三百萬只能做一批月亮杯，但是接下來的研發、營運、客服等費用都不在預算範圍內。

集資本身的時程非常的趕，二〇一五年七月八日明確開案，並確認整體方向，第一次討論就訂在七月十五日，一個星期之後就討論手繪圖。七月二十二日出３Ｄ圖。在有點忐忑的情況下，集資案於八月二十九日上線，二十九、三十、三十一日先推早鳥專案。誰知道，在早鳥專案期間集資案就過了門檻！當時的群眾集資運作還維持早期的理想性，消費者付錢不是預購商品，而是希望他投資的理念可以成真，在他付出錢的那一刻，他是贊助這個產品的計畫，只是這個計畫成功了會寄給你成品。因此集資跟寄出成品，這到底算不算「網路購物」，其實處於灰色地帶。假使出貨是設定實體取貨，會更沒有爭議，這樣一來就不算是在網站上買東西，通常都是說會收到「贊助回饋品」，不是預購商品。

後來，這個台灣史上第一個月亮杯的專案承載眾人的期待，最後的集資金額高達一千萬，也才給未來的研發和營運留下一些餘裕。

「應該說群眾集資這個行為在台灣月亮杯那個時候，比較像支持一個計畫成形，到近年來才越來越像預購平台，下單的消費者預期也越來越像：『我就是預購商品，所以我一定要拿到。』」之後研發台灣第一條吸血內褲「月亮褲」，並且也為此做了集資專案的陳苑伊，這樣回顧二〇一五年的集資環境。「集資案因後來做不出來要退錢，這其實是相對晚期的概念。早期的集資是你錢丟出去，有拿到東西真是太棒了，拿不到也就算了。大家都要一起承擔產品做不出來的風險。」

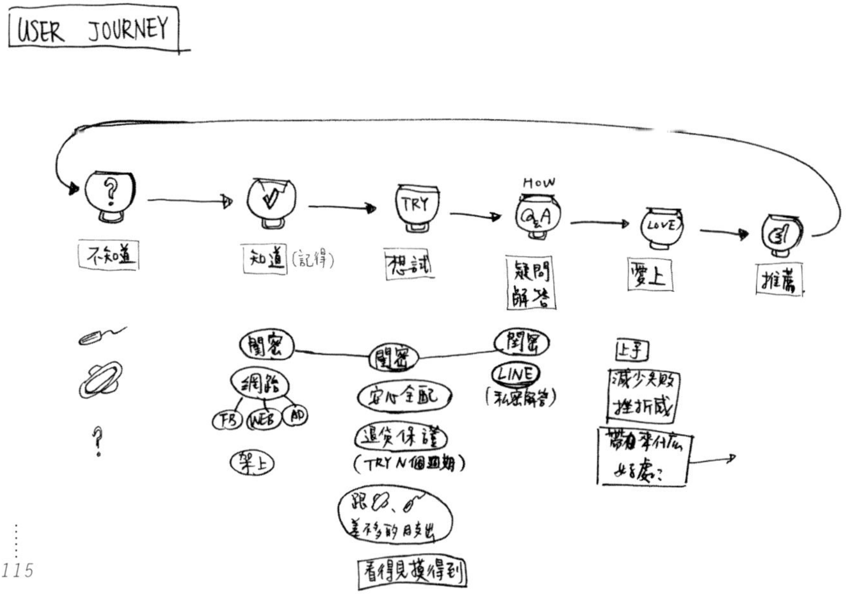

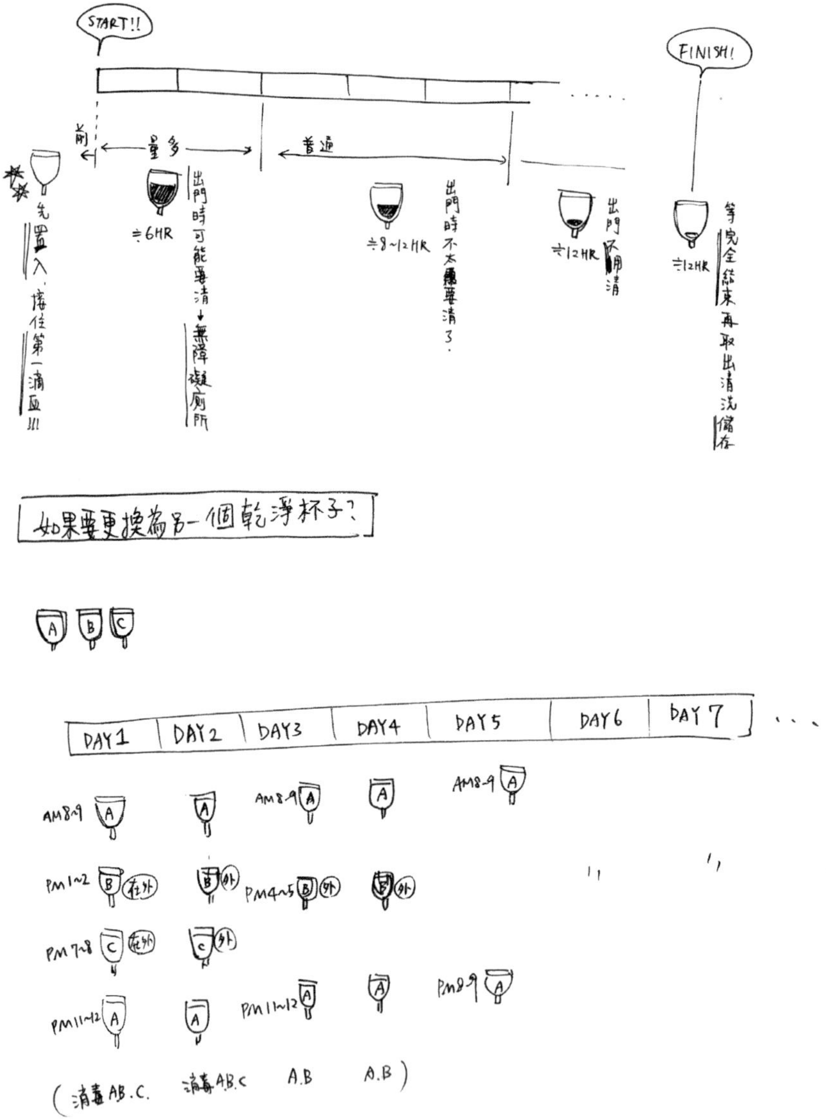

作為台灣月亮杯的產品設計師，陳苑伊還留存著專案前期的手稿，上面標記她們如何設想月亮杯的使用周期。

當時凡妮莎等人也不太確定，台灣月亮杯是否真的能如期出貨。凡妮莎分析，時間會花費那麼久，是因為月亮杯是完全從無到有做出來的。二〇一五年底，她已經找好了工廠，這才發現工廠不能接案。儘管國內工廠有製造月亮杯的技術，但是工廠也要向衛福部申請、登記跟製造月亮杯有關的品項才能開始生產。然而畢竟月亮杯訂單只有一單，工廠希望在每三年衛福部派人查廠並展延醫療器材製造許可的同時，再順勢新增「月經量杯」製造許可的品項。也就是說，等待的期間遠遠超過一年，無法像集資專案所表定的，在二〇一六年五月出貨。

二〇一六年四月，凡妮莎在「KiraKira 凱娜小棉條兒俱樂部」臉書粉絲團對她的集資對象宣告出貨時間需延期一年，詳細解釋每一個卡關的工序，並請求大家在等待的期間，一起連署「月亮杯比照衛生棉條合法網購」。直到二〇一七年正式取得台灣月亮杯的醫療器材許可及實體／線上通路販售許可之前，凡妮莎還有好多事情要做。

當我們製造月亮杯，我們在製造什麼

醫療器材許可證申請及生物相容性試驗

編號 L.5400（月經量杯）目前被畫分在第二級醫療器材，除了生產之外，也要經過查驗登記過程。查驗登記過程包括工廠的證書與檢測證明，例如：需要經過生物相容性實驗。工廠要有這些相關的資料，衛福部才可以核發醫療器材許可證。如果執照沒有下來，就算做好了也還是沒辦法出貨。

作為編號 L.5400（月經量杯）這個分類裡的第一個申請廠商凱娜，意味著需要做生物相容性實驗。對衛福部而言，台灣尚未有任何的廠商做過檢測，凱娜需確保月經量杯該品類在 ISO 10991-1 的生物

評估和生物相容性試驗中符合標準，並舉證產品安全、無毒，方能正式上市。

直到後期凡妮莎才知道，想要製造台灣之前從未出現過的醫療器材，可以跟衛福部的專案輔導窗口請求專案諮詢台灣月亮杯執照的問題。若是按照常規流程，你要準備的資料比較複雜、或是要求比較嚴格，也會有額外的往返作業時間；可若是成案，專案輔導的窗口能從旁協助處理繁複的申請流程，加速作業時間。後來指導單位便建議，指示凡妮莎參考國外的月亮杯人體實驗，證明月亮杯是行之有年的產品，製造跟使用無虞。

這部分需要做什麼試驗呢？比如要證明十年之內該產品選用的矽膠品質穩定，然而沒有廠商會真的把東西放上十年以茲證明，因此就要請實驗室做加速老化的實驗，用更高的溫度跟更嚴苛的環境，去模擬在這十年中會受到的傷害最大值。根據實驗室提供的公式，申請者試算之後，就能得知月亮杯在攝氏幾度的環境下承受高溫跟高壓的臨界值，凡妮莎提到，「那時測出來好像是二十四天還是二十五天，也就是說，要把月亮杯關在烤箱這麼多天，之後再去測試它拉環的耐受性。」

「有的工廠會自己送機構作檢驗，有的是我們（廠商）送SGS。比如棉條，我說這是紙做的，可以生物分解。但衛福部就規定要經過測試，這種事不是能自己說說，衛福部要看檢驗報告，而且上面要有人簽名，他們才知道這件事是經過背書的。」這是一系列的文書作業，窗口會要求申請廠商繳交工廠的實拍照、產品規格圖，而非單看產品的實體。

然而，所謂的檢驗，也有遠遠出乎她想像的地方。「我在做棉條的時候才知道要做生物相容性試驗，那時很訝異知道我要去做到這麼高規格的實驗，一套做下來可能要二十萬元上下。後來有些人質疑我們有做動物實驗。其實相容性試驗是醫療器材申請過程中的必備文件。全部的醫療器材不管是第一家、還是第一百家，全部都要舉證說你有做動物實驗。一定要送這個文件，不是你送，就是原廠送。」

無論自己的真實理念為何，前期的動物實驗關卡都必須得忍痛突破，但至少凡妮莎不用因為凱娜後面新增的品項而被迫再次進行。「當許可證核發後，假如你在同一張證照後申請新增規格，它會去判斷和前面材質是否一樣，後面的新增品項就不必再進行相同的試驗項目。」不必再進行必要之惡，讓凡妮莎鬆了一口氣。儘管如此，她也沒有避諱跟我們談動物實驗的詳情：「我們第一項塑膠導管棉條有做三個動物實驗，主要是要確認細胞毒性、皮膚刺激、皮膚過敏、陰道黏膜等測試。這些都需要經過生物實驗，像是老鼠、天竺鼠、兔子，而且還有分品種。那時我才知道這個背後是一個產業鏈，甚至接到實驗室電話說某些動物缺貨，叫我去跟衛福部詢問，用另一種兔子可不可以。」

棉條如此，月亮杯自然也會產生同樣問題。從寫部落格跟電子報的時代開始，凡妮莎每做一件事，就習慣把公文貼在網路上給大家看，讓每一個關注生理用品研發歷程的人，都能知道種種流程，或至少讓大家知道凡妮莎的目標。因此在做棉條實驗時，凡妮莎說自己遇到一個「貴人」，看了凡妮莎的部落格主動寫信給她協助。那位網友

在相關產業上班，主動告訴凡妮莎生物相容性要做哪三個項目，同時告訴她衛福部有一個不成文的規定：如果能證明你做的東西跟之前別間公司一樣，衛福部會去調之前的資料看檢驗項目。假若存在、且那家廠商也通過申請，便得比照辦理。

不僅如此，這位貴人還給凡妮莎台美檢驗公司的電話跟業務名字，「他告訴我可以找某某某，跟對方說，要做跟某個公司一樣的實驗。」棉條的生物相容性實驗靠著網友的協助通過了。到了月亮杯時，凡妮莎改找麥德凱生技來檢驗。當時凡妮莎考慮到品牌未來要走出台灣，檢驗報告需要具備公信度，沒有經費找像SGS這種指標性又費用昂貴的單位，便選擇在國外具備知名度和公信力的麥德凱。凡妮莎把之前棉條的報告給麥德凱，做了一樣的生物相容性實驗。

台灣月亮杯設計時的 3D 示意圖。

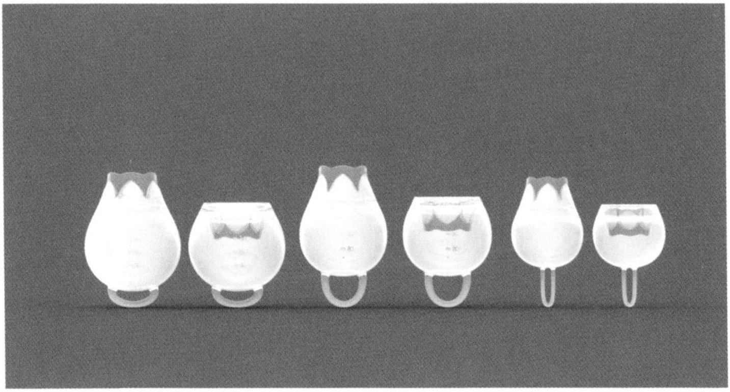

開模

要生產商品，自然要先有模具。月亮杯的模具是塑膠射出用的金屬模具，不會一開始就光滑漂亮，通常要再做表面處理。當時凡妮莎手上有三個月亮杯模型，其中有一個的表面便留下非常細微的刻痕。如果要修正的話，就是要把那個刻痕拋光掉，杯形才會變成光滑的表面，然後才能再透過咬花做成精緻的霧面質感。

凡妮莎想將月亮杯杯型做得如球體般渾圓。圓球形的月亮杯很新奇，國外也很少品牌這樣做，這是考慮到集資案的目標對象。凡妮莎一方面固然是想降低國內取得月亮杯的難度，並推廣在地品牌，另一方面潛在消費者也有一部分是已經開始使用月亮杯的女性，她們可能已經用習慣手上的外國月亮

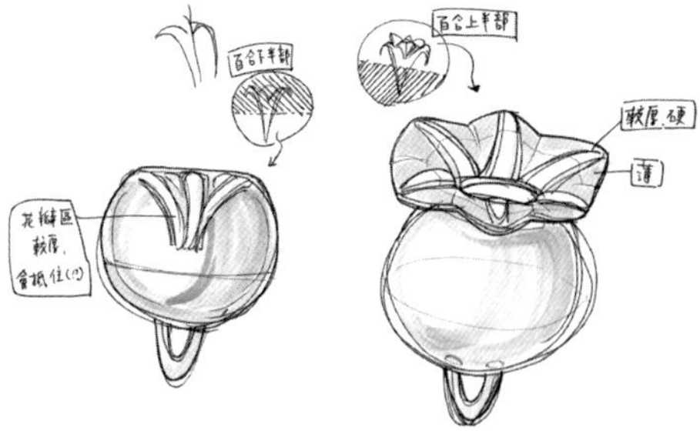

百合下半部
百合上半部
較厚,硬
薄
花瓣區
較厚,

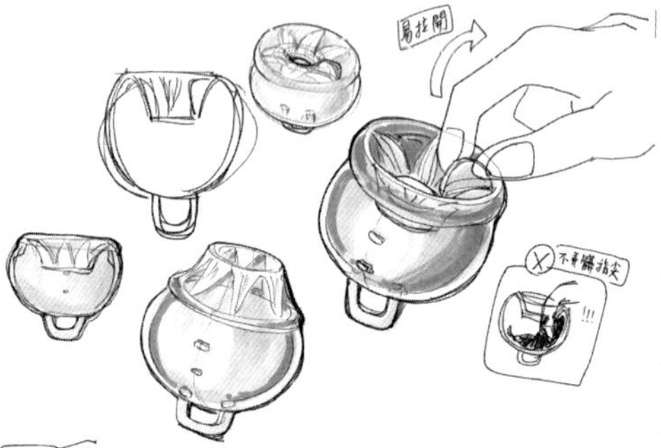

易拉開

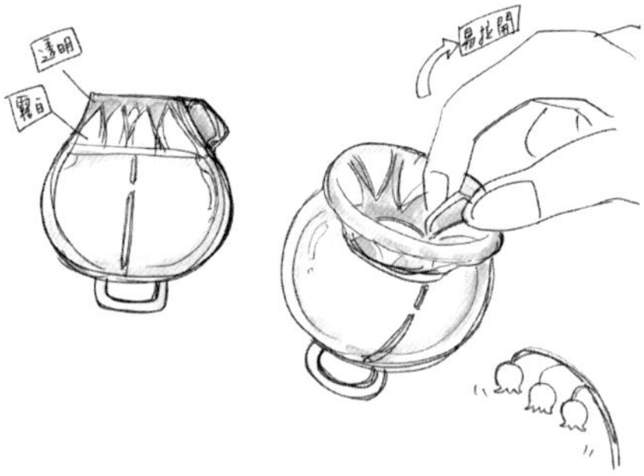

透明
霧面
易拉開

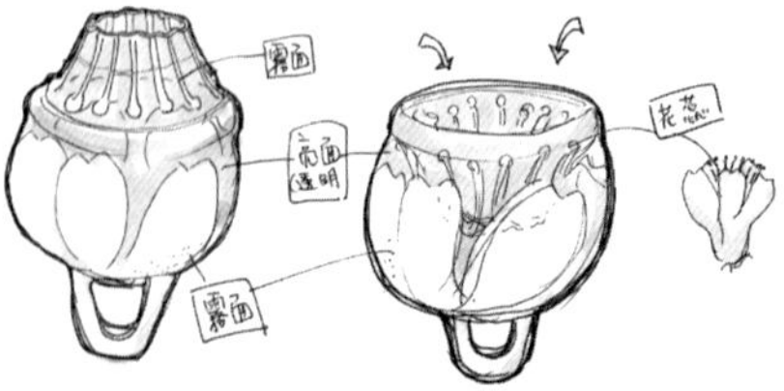

霧面
兩面透明
霧面
花蕊

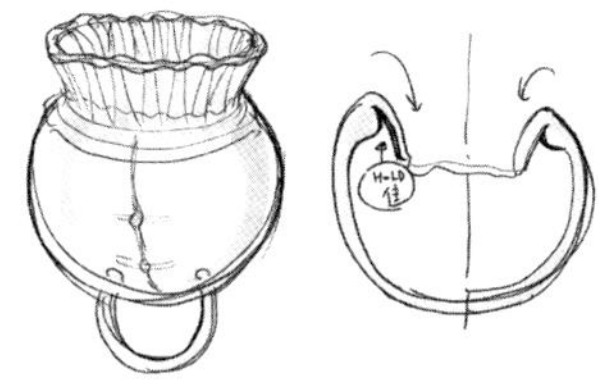

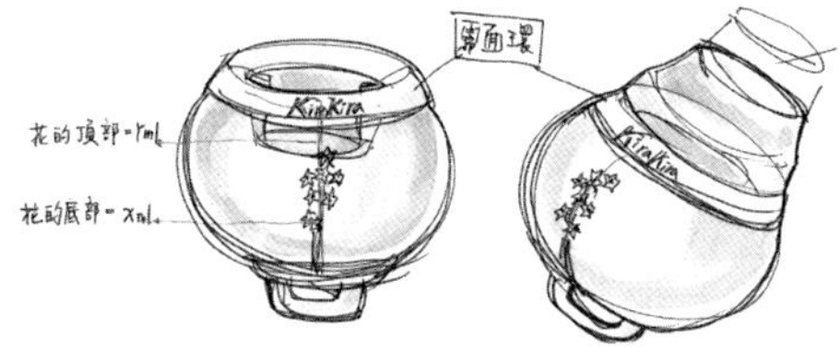

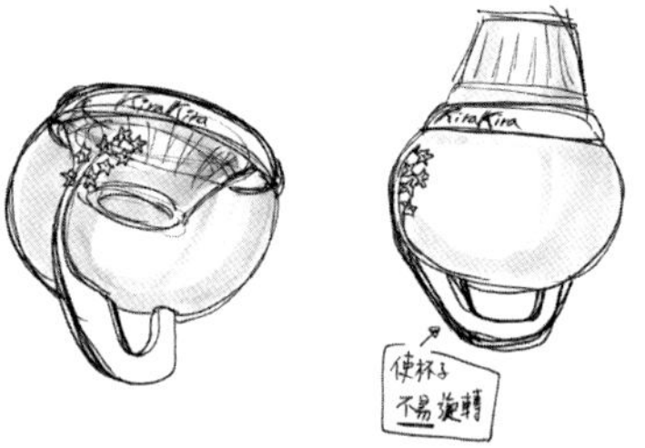

從手繪圖的產生到 3D 示意圖製作出來僅花幾周的時間。細讀陳苑伊的手稿，我們能看見月亮杯設計的思考脈絡。

杯，不需要再買一款類似的產品。因此不一樣的款式，更能吸引到想試新款的既有使用者，一起來支持並推廣集資計畫。

在很早的階段，凡妮莎就想到圓形跟花苞的相似程度，並且拋出很多台灣特有種的花卉圖片給月釀杯的設計師陳苑伊，她想把花朵的形狀抽象化，放到產品設計裡。然而學工業設計出身的陳苑伊，必須在產品外觀美學跟實用性之間思考：月亮杯是否適合這麼具象的形式？這樣的形式是否會影響到使用情境？比如有圖案或者造型的杯型，在收整跟放到陰道裡時，會不會給使用者帶來不適？或是因為有複雜刻紋而導致難以清洗？

整體而言，若要以花型為考量，鈴蘭的造型還是比較能直接跟這個產品連結，因此凡妮莎放棄了台灣特有種花型的路線。後來的月亮杯，仍是球體的外觀，只是表面有花瓣的形狀，跟構想相比，變動並不大。月亮杯有一個翻摺的結構，這個部分仍可以設計成簡約的花瓣造型。如此一來，從包裝盒裡拿出來時，就會是拿出一朵花；而花瓣部分摺起來之後，能放入體內，盛裝經血，在體內時也比較接近球型。有摺痕的反摺設計，讓經血滴到杯裡時，比較不會再從杯口流出。拿出來清洗時，拉開花瓣，倒出經血，較小的縮口也可避免意外傾倒。陳苑伊的設計不僅保留了最初花型的構想，也在實用性跟考慮使用者心情上，做了近乎完美的結合，的確，台灣的月亮杯因此長出了不同於其他國家、專屬自己的特殊樣貌。

結構與專利

月亮杯的原型在一九八〇年代就已經出現，因此想要生產月亮杯的廠商，便是站在前人的積累上創新。在集資專案的前期，也不可避免要處理專利權的相關問題。專利事務所的律師解釋，專利系統的設置目的，是希望全世界的人不要在同一個項目上面花費重複的心力，導致商業創新的速度變慢。因此開發者作為首先提出專利申請的人，可以在某些區域得到別人不能利用這項專利獲利的權利，用他未來要公開的專利來換取他在有限時間內、以及有限的國家地區的優先使用權。在這段期間內想要使用該專利，便要支付專利費用。交換條件是這個專利在十八個月後到期後就必須公開，且在過了專利效期後，變成公共財，全世界的人都可以使用。

研究月亮杯的相關專利，就發現其實有申請通過的區域不多，如果台灣月亮杯要做「內摺」，在法理上可以使用這項在矽膠上做出摺痕的技術。當初的專利申請人在台灣沒有申請，理由很可能是因為台灣並非他的獲利市場，因此凡妮莎要做是沒有問題的，無需經過專利申請。然而集資中期，便有人質疑專利跟抄襲的問題。在商業創新跟道德情理上，集資參與者會需要廠商做出更沒有道德瑕疵的宣示。因此凡妮莎後來便跟擁有此結構專利權的美國月亮杯品牌聯絡，商談以技術顧問的合作關係來支付一筆合作費用，確保在這項技術的使用上不會有任何道德觀感問題。

材質

設計圖完成之後，便要做 3D 建模列印。陳苑伊展示了手上的 3D 列印打樣，顏色偏淡黃，可以看見形狀跟紋路，但因為是硬的，沒有辦法試用。除此之外，她也找兩間廠商做了兩個 3D 建模，一間用軟橡膠材質，顏色比較不透明，但有線條；

另一間則是可以做出軟的打樣，就能讓團隊考慮修改翻摺的結構，但問題是只有黑色，較難看出成品的質感。另一種打樣是壓克力材質，好處是表面透明的地方會透光，也能做霧面，能顯現外觀的質感，但材質也是硬的，所以她們各做了一顆摺起來跟沒摺起來的型態，最後使用在集資宣傳頁面的拍攝上。陳苑伊總笑稱那是「佛具」，平日都小心翼翼地收藏起來，只有採訪團隊來拍照時，會請「佛具」出來亮相。

上圖左方為史文妃與陳苑伊戲稱「佛具」的模型，右方為矽膠材質的月亮杯。「佛具」是壓克力製成的，材質堅硬，初期作為讓集資計畫拍照使用。

畫設計圖的最初，只有設定外觀跟大略尺寸，厚度則是先隨意設定。月亮杯的第一個打樣非常軟，顏色還是螢光色，負責「人體實驗」的史文妃回報很難放進身體裡，太軟的月亮杯放到陰道內也不會自己展開。但至少這個打樣讓她們知道，翻摺結構跟形狀是能夠盛裝經血的。

打樣出來時有個小插曲。凡妮莎看到打樣時，第一反應是，「哦，等一下，這個尺寸太大了！」確實它的尺寸比較接近後來上市、能盛載三十毫升的滿月杯，適合量多的時候。凡妮莎作為從來沒有使用過月亮杯的人，看到那個尺寸，就有一個很合乎新手使用者的反應，認為應該再小一點會比較友善。這讓設計師陳苑伊意識到，月亮杯要調整的不僅是材質厚度，包含外觀大小、實際容量等，也都要一起考量。因此，後來整個系列有不同的容量，讓第一次用月亮杯的初學者、以及流量較大的使用者們都可以選用。

剩下的就是很細緻的調整，比如切線要在哪裡比較不會影響視覺，花瓣透明的地方能否不要有橫線，干擾造型，而這都是要跟工廠討論，調整模具，回頭來改設計圖的。月亮杯的老手可以注意到，國外月亮杯的刻度通常有凸凹面刻痕以明確顯示，而既然台灣月亮杯要做亮霧面的處理，陳苑伊就想到，刻痕其實也能設計成亮面跟霧面。原因是陳苑伊在六年半的月亮杯使用經驗中發現，月亮杯用越久，凹凸處就比較容易卡顏色，剛開始用時還要看一下刻度在哪裡，用到後來表面有點卡屑，就很明顯看到刻度。這對於使用者來講，多少會有點不太衛生的心理抗拒。

當時陳苑伊參考了芬蘭月亮杯 Lunette，這是當初市面上唯一有做亮霧面的月亮杯，其他品牌都是全亮面或者全霧面。以台灣製造精良的技術，既然杯緣的摺痕做得出亮面跟霧面的差別，邊界也做得很漂亮，那杯體平面的部分這樣處理，質感也會提升，用再久都不會卡屑。並且全世界沒有任何品牌做這樣的設計，做出來也會很有代表性。當陳苑伊拿到打樣時，非常開心，的確是做得很好、邊界也很漂亮；然而實際試用時便發現慘劇，亮霧面一碰到水之後，霧面的地方就變成亮面，刻度會不見。原來不是前人沒想到，而是我們不知道有誰也嘗試過，並且遭遇失敗。後來陳苑伊還是在杯子上做刻度，但她把杯子跟刻度的交界做得比較圓滑，而不是九十度，這樣清洗時經血就不容易殘留。

同時矽膠材料的軟硬程度也不同，這部分會影響到的主要是杯子側邊的厚度，最薄的地方到底該做多薄。原本只有最底部的地方是厚的，上面都是薄的；但後來也在上面加厚，強化杯體的支撐力。另外一個部分是，月亮杯杯緣的摺法也要經過設計，不摺的時候呈現花瓣形狀，但摺下去壓在杯口時，能否摺得平整；因此得在花瓣折痕的邊線也再加一道縫隙，才能在摺下去之後固定於理想的位置。與此同時，工廠也會拿樣品來跟業主討論，怎麼選擇比較符合需求。

在挑選符合月亮杯生產標準的工廠時，陳苑伊也會注意工廠現有的產品，比如選中的工廠就做過類似翻摺的商品，這樣也能確保工廠能夠理解設計圖，並且協助解決矽膠材質成功利用摺痕摺起來的細節。陳苑伊跟凡妮莎把工程師當成什麼都不知道的

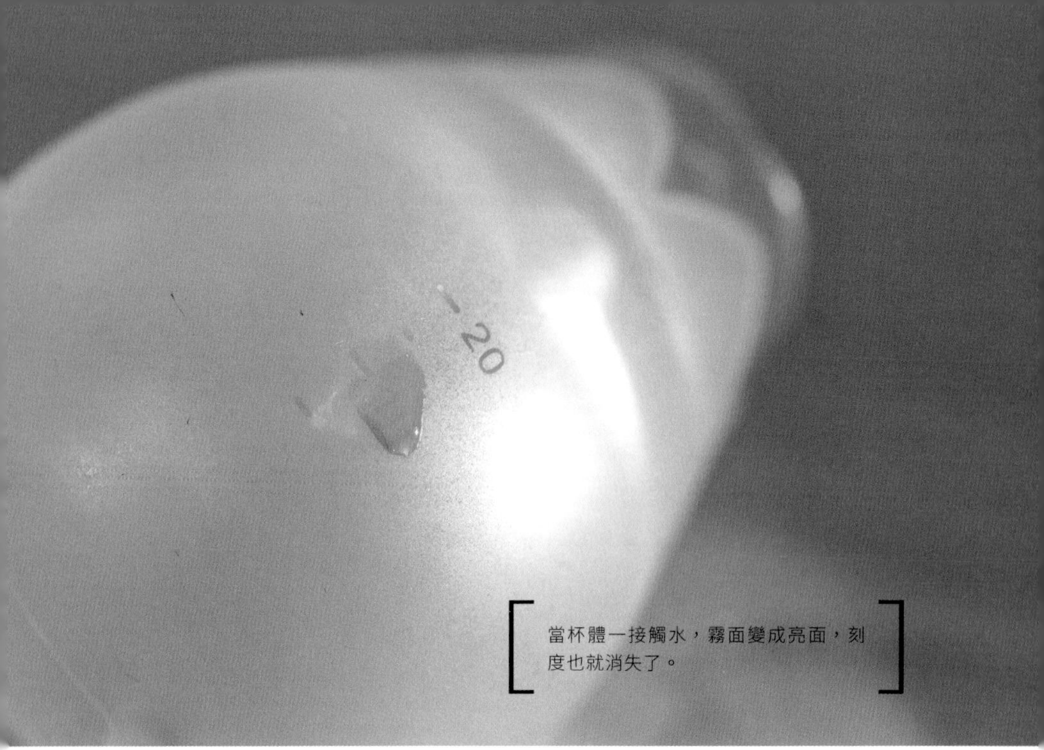

當杯體一接觸水，霧面變成亮面，刻度也就消失了。

消費者，從頭解釋使用上要怎麼摺、怎麼用，然後放到身體裡是怎麼樣的狀態，以及取出後會清潔及重複消毒等，這才讓工程師了解為什麼需要翻摺的設計。

工廠的工程師對材料方面知道得比較多，像是陳苑伊指出，如果整個杯體很厚，摺下去時彈力很大，這樣就要花很多力氣拿著月亮杯；但如果有多一個切口，就只要輕輕捏著就能維持住內摺的杯口。這時工程師會做出「如果把這上面削掉一點，可能就不會這麼彈」這類的建議。但是切掉上方杯緣花瓣的厚度後，外觀又會變得沒那麼好看，這時就要再回到陳苑伊這邊進行修整，如此反覆多次，才能完成產品設計圖。

此外，設計圖最後要來到工廠的結構工程師手上，對方一開始並沒辦法理解月亮杯是什麼，因此擺出了「我做事，你放心」的態度。「你們到底是要做什麼東西呀？沒關係，你圖給我，反正我把它做出來就是了！你這個要摺進去對吧？」到了後期，這些工程師也越來越了解月亮杯的使用情境，就能理解為什麼需要這些凹摺的設計，這時就能提出一些結構面的修改建議。

設計案到後面，一些很細微的調整就是直接面對加工廠，只是要花時間跟人力來回確認。第一代月亮杯有這樣的討論，也為第二代月亮杯的研發奠定一定的基礎，後來凡妮莎便很安心地與工廠繼續合作。二代的經典版和軟版，就是因為使用了不同硬度的矽膠材料，以及形狀的改變，比較圓的形狀就比較容易有支撐力，只是摸起來稍硬。因此兩代月亮杯的造型跟硬度都有所不同。

我是新手怎麼辦？

教學杯跟官方討論區

使用月亮杯的知識門檻，相對前面提到的布衛生棉與棉條高上許多。大部分的月亮杯，杯底沒有拉環，要從陰道拿出來，便要捏著杯底尖端，緩緩拉出。但說歸說，要是推得太進去，也不容易取出來，很容易讓初學者焦慮不安。

月亮杯對台灣消費者來說，是全新的東西。在還不知道怎麼用、或者開始使用之後要怎麼跟其他生理用品互相搭配，在進入市場的前期很難說明清楚。眾人面臨的困境是，消費者還不知道月亮杯要怎麼置入身體，在這種情情形下單純只強調它的各種好處，是很難說服人的。凡妮莎、陳苑伊與史文妃必須想辦法解決月亮杯新手的困境，比如思考在廁所裡替換時，應該準備哪些物件，能夠降低使用難度，最好能告訴消費者在什麼情境下開始使用，比較容易成功。因此她們提供了很多故事情境，讓消費者能夠理解產品的不同使用階段，可以給她們帶來怎麼樣的感受。

依照統計數據，亞洲女性和西方女性相比，陰道的平均長度仍是有差的，可能短了幾公分。因此在設計台灣月亮杯時，尺寸不能單純參考國外，也必須要考量到台灣人的使用情境。教學月亮杯這個概念因而誕生，也是整個專案發展中蠻關鍵的東西。小一點的尺寸可以讓初學者完整的練習到所有自己取出的動作，而且小一點的尺寸在塞進陰道時，也比較不會有壓力。後來，團隊又認為，開發生產給台灣人使用的月亮杯這件事，不只是從產品的尺寸去調整，同時也要提供協助，幫助大部分的使用者突破心理障礙。

考量到怎麼讓大家從零開始用月亮杯，一開始凡妮莎便將史文妃跟陳苑伊加進她創立的「台灣月亮杯群眾集資計畫」臉書社團裡，回應無數月亮杯新手擔憂的問題。那時史文妃和陳苑伊每天都會在社團回留言，解釋月亮杯的原理，怎麼使用，怎麼消毒，而從八月底一直回覆了兩、三個月後，兩人發現，社團內終於會有人開始幫忙回答問題了。這是一個重要的改變，畢竟集資專案一開始啟動時也曾受到媒體報導，當時便會有人在留言區污名化月亮杯的使用者，比如「這東西這麼大，用的一定都不是處女」、「這東西塞進去陰道會變鬆」、「下體會爛掉」等等，這都反映社會對於「女性把東西放入陰道」的未知恐懼。史文妃和陳苑伊採取一個非常耗時的方式，便是在每則新聞底下都提供詳盡的解釋，讓看到留言區的人都能讀到兩種對立的說法，並且釋出對話的善意。大概三、四個月之後，兩人終於發現不用再衝去回新聞留言區了，每當又有這類新聞時，已經會有人開始幫忙破除謠言。而加入台灣月亮杯社團的人，也開始主動參與討論。月亮杯在台灣，終於不只是一個冷門的商品、或一個未開發之地，她們真實地提供了台灣女性更多元的選擇。

現在，這個私密臉書社團已更名為「月釀杯官方教學討論區」，有超過一萬名成員，每三、四天就會有一篇文章討論，或者大家分享使用心得。以一個市占率極低的商品來說，這是密度極高的討論。這也證明了一群熱愛者改變一個國家的市場是絕對可能的。

CH4

彷彿經期少兩天的月亮褲

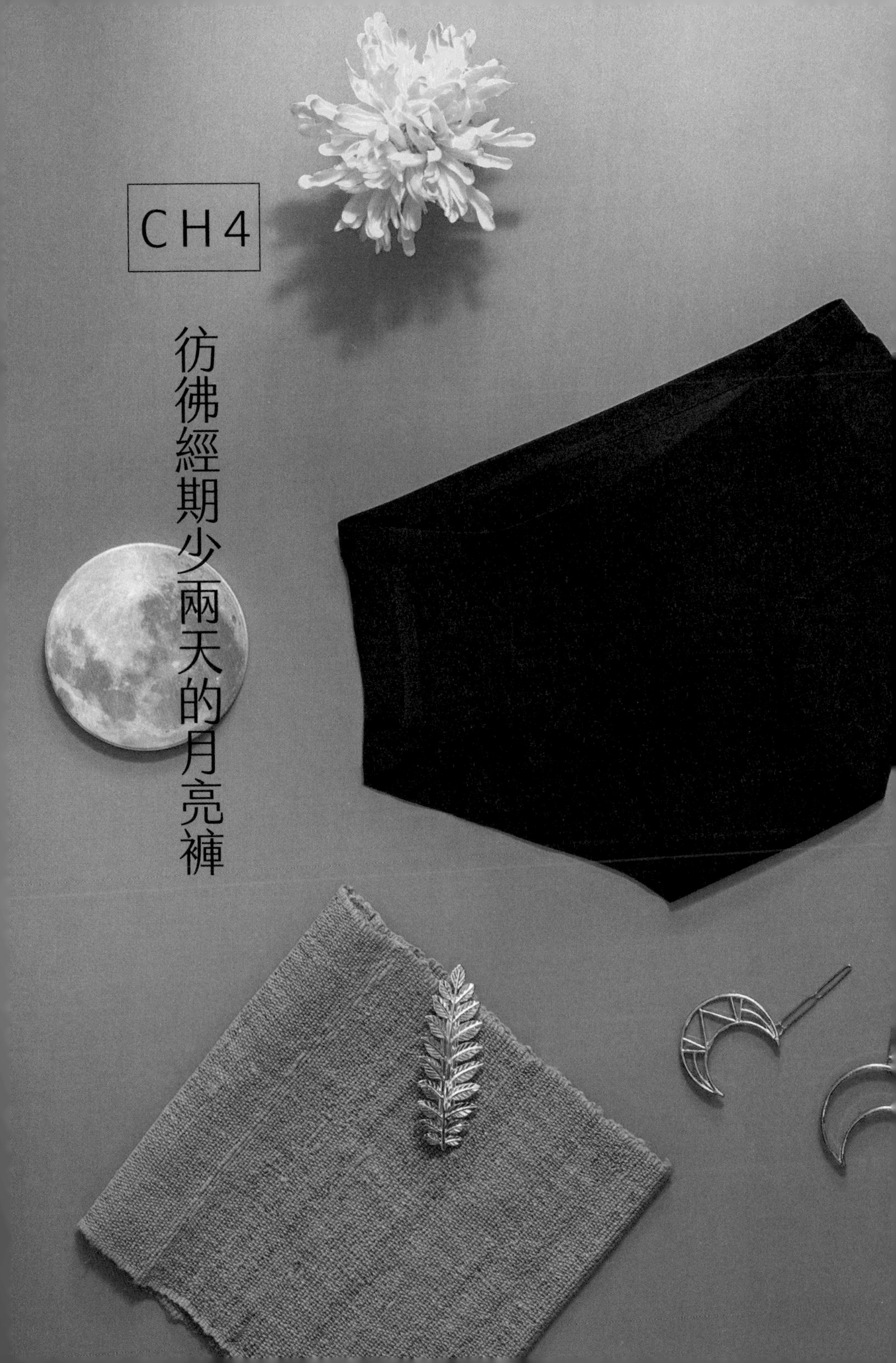

與陌生人在「虛擬化妝間」相遇

史文妃跟陳苑伊自從參與台灣月亮杯群眾集資專案以來，既意外又喜悅地發現，在做電話及臉書社團討論區客服，或者是商展擺攤的場合時，許多未曾謀面的陌生人，往往願意跟她們訴說自己的經期煩惱。「早年的月亮杯社團，我們會跟鐵粉分享這類屬於經期、很私密的事情。這種高度的親密感，其實是很特殊的感受。」她們會在無意間窺見陌生人的祕密，有的是婦科疾病困擾，有的是無法輕易問出口的性知識，每次對話幾乎都像是一對一的諮詢，「……光是怎麼選擇月亮杯產品，當中就牽涉到每個人對生理用品的理解，還包含價值觀的差異。」

與她們互動的使用者，會提及關於自

己生理期的各種細節，和生理期引發的種種不安全感。「很多選擇跟認同問題並不會外顯。一個人的選擇，可能跟她原生家庭、交友圈和所處社會都不一樣。因為有這樣的價值衝突，使得她們來到這邊的社群時，得到解放。」許多經期研究會注意到月經的衛生及污名，還有經血的顏色與禁忌；但是其實女性對於自己身體的感受，可以說得更多，這種經驗更接近苦樂參半，比如她們時常抱怨月經好麻煩，最好不要來，但等到真的不來時，又會憂心忡忡地檢討自己是不是太過操勞，吃太多冰，飲食不夠節制，日夜顛倒，明知道婦科疾病的成因很複雜，還是忍不住要找一個怪罪自己「把身體變虛」的理由。不過也有人樂於享受每一次的月經，喜歡觀察自己的經血，討論經血顏色變化、濃稠程度跟流量究竟反映出什麼樣的身體狀況。兩人認為正因對月經觀察細緻不把月經當成小事，這些人的消費選擇可以造成許多細微的變化，有些人的意見甚至會影響廠商的決策，「我們可以在各個生活圈接觸到不少的微型革命者，她們身邊的人不見得會認同她們的選擇，可是她們跟我們會不斷地講，不斷地去說（分享），因此我們才會在整個月經社群裡遇到彼此，互相認識。」

在自己的碩士論文中，史文妃歸納出台灣幾個重要的虛擬閨房文化的集散地，包含批踢踢的女性性版、女版，以及凡妮莎所創的「小棉條兒部落格」、「KiraKira 凱娜小棉條兒俱樂部」臉書粉絲團，都是能讓女性網友暢聊女性話題之處，那些「月經文」——原本在批踢踢流行用語中，月經文是指每個月都會出現的文章，用來形容發文者沒爬文就發問，但在這裡權充雙關語——使用者一而再、再而三想釐清棉條使用對身體的影響，為了塞入或拔出棉條手碰到血該怎麼辦，在公共廁所裡沒有洗手台碰到血該怎麼清理等等擔憂，在這些地方都能得到網友耐心回答，有時還會引起熱烈的推文討論。那些原本只會在姐妹淘化妝間中出現的私密對話，在網路世界中突破物理空間的局限。史文妃發現這種討論身體經驗的快樂，在二〇一七年台灣月亮杯群眾集資專案順利出貨之後，即將就要結束，這讓她心情一度空蕩蕩的。是否可以就此留下來，一直做自己喜歡的事？當群眾集資專案因故延長兩個月時，她便落入原先準備好要離開，又再續約，再到後來真的得走的情境，日子過得非常低潮。就連跟當時男友的相處都出了問題，分手後才發現自己非預期懷孕。她甚至打電話給亦師亦友的凡妮莎討論這件事。

「我在大馬路上哭。她那時候教我所有接下來一定要做的事情。」當時因為有凡妮莎的陪同討論，她很理智地去看醫生，在懷孕七周內就進行藥物流產。但是後來回診，醫生判定流產不完全，要施行全身麻醉的手術流產，才能終止整個懷孕的程序。按照醫囑，她的生理期應該會在二〇一七年一月左右來，也就是術後一個月。「你知道嗎？從小到大我

沒有因為生理期受過苦。我的生理期很穩定，也不會痛，當然我不會覺得這是一件大事，也就完全不覺得這件事值得被珍惜。」要是以後生理期都沒有來怎麼辦？她陷入很大的恐慌。又過了一個月，她的生理期才來了。「你的人生跟你的生活、身體同時出了大問題，你會不知道該如何思考。」身體再次像什麼事都沒有發生過一般，如常運作。這再度啟發她思考：要回去公司體制內上班？還是要走上一條不一樣的路？

她因此下定決心，「如果不做這件事，我以後會後悔的。」原本凡妮莎就曾跟史文妃提到，因為紡織技術的飛躍，可吸收經血的內褲應是台灣下一個該開發的生理用品。只是凡妮莎分不出心神去做，這個願望便烙印在史文妃心裡。凡妮莎甚至牽線鼓勵陳苑伊與史文妃合作。於是在三十歲前，歷經陸陸續續幾次討論後，史文妃對陳苑伊提出邀約，「（發生的時間點）應該是過年前後，我就跟伊伊（陳苑伊的暱稱）說，我們還是來做這件事情吧！如果沒有嘗試創業，我以後一定會後悔！」

「谷慕慕」的創立——
讓「月亮褲」改善你的經期品質

二〇一八年八月，史文妃跟陳苑伊成立品牌「谷慕慕」，首先在群眾集資平台開預購，三天不到，首批三千五百件「月亮褲」便銷售一空。這耀眼的成績使人眼睛為之一亮，但「月亮褲」到底是什麼？當時台灣只有少數人使用過美國的Thinx吸血內褲，很少人會想到，內褲也可以是生理用品。畢竟基本款的女性內褲，不外乎要棉質或者絲質，功能要透氣、柔軟、防止摩擦、貼身以及不易變形，進一步想，月經來就是貼上衛生棉或者護墊，怕外漏就要換穿厚一點、包覆感也比較強的生理褲，誰會想穿滿是經血的內褲一整天呢？

吸血內褲不是生理褲，生理褲只有

一層布料，且不能吸水，但吸血內褲特別的地方就在於兩層布料中間有吸收層。兩者是完全不同的產品。在這之前，國外數個品牌就已經推出吸血內褲，即是在內褲裡加上吸血層及防漏層，意在取代小片的衛生棉或者棉條，在量少的日子裡單穿吸血內褲便足以應付。然而這些吸血內褲都比較厚，沒那麼透氣，在天氣乾燥的歐美國家或許堪用，要是引進天氣悶熱潮濕的台灣，按照大部分人的使用習慣，便會是衛生棉加上吸血內褲的組合，這樣連續穿上好幾個整天，光想就不太舒服。

但台灣第一件吸血內褲——月亮褲不一樣。史文妃跟陳苑伊出入紡織貿易展，想要採購台灣的特殊機能布料，目標是要製造「全世界最好的吸血內褲」。紡織業者一度以為兩人是要做生理褲，還勸阻她們不要衝動，因為從製造端可以知道，生理褲的銷量連年降低，絕非消費者喜好的產品。她們還要特別解釋，她們的月亮褲不是這種商品，保證特別，因為裡面要加上特殊布料做抗菌的吸血層跟防漏層，穿一整天也可以很舒適。兩人起初看到特別的布料就少量訂購，用來試做月亮褲樣品。礙於創業經費有限，每次樣品件數不多，她們還要一起試穿同一件內褲，互相討論試穿心得，修正產品藍圖。歷經五十幾次打樣，最終選用登山外套才會用到的昂貴機能布料，加強排濕功能，這才推出兩人引以為傲的「月亮褲」。

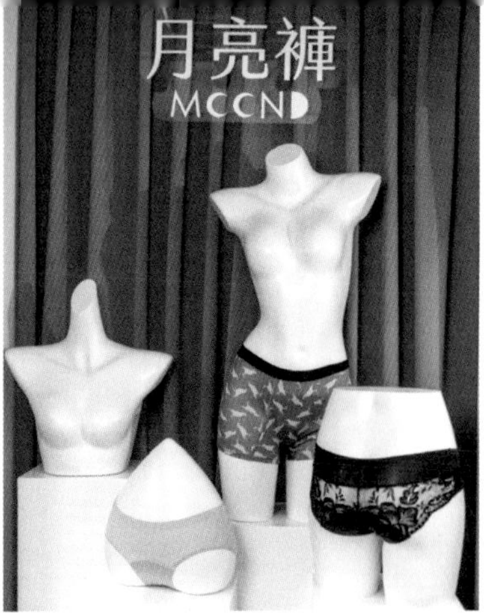

兩人回想當初的瘋狂，說要不是因為一股熱忱，加上產品開發成本極高，也不會這樣不管不顧就試穿同一件樣品。但這也讓兩人建立起「穿同一條褲創業」的患難情誼。她們起心動念創業，繼續留在生理用品產業發展，是想讓所有女性在經期時生活如常、不受拘束，除了不會只感覺到經期的「痛苦」，甚至還有機會能過得開開心心的。月經影響女性一生，而且是長達三、四十年的生理規律，它不該被描述成沒有懷孕的那些日子，也應該有更好的方式去處理、看待；除了經痛這種病理的照護之外，能否讓生理期跟其他日子沒有兩樣呢？

由於市場缺乏吸血內褲，並且她們也認為應該要支持更多元的生理用品選擇，因此最終決定投入吸血內褲「月亮褲」的研發。相較其他廠商，她們選擇的是一種正面迎擊的態度，「我覺得我們跟其他廠商不同，我們強調月經來時要開心度過，這讓我們贏得更廣大的市場。」所以她們的品牌初創時才叫「望月女子谷慕慕」，谷慕慕取自英文「Good Moon Mood」的音譯，是位每個月期待生理期到來的女子，「谷慕慕」希望讓每個人重新看待生理期，每次經期都能有輕鬆以待的心情，不要再把經期想像成防洪水的災難工事。

過去的獨立生理用品廠商，大多是小型工作室，由工作室這端負責出貨跟營運，以及聯繫工廠端；又或者是像凱娜的中小型企業模式，跟海外工廠訂貨，並負責通路鋪貨跟平台經營。但是谷慕慕採企業化經營，且在品牌正式營運的隔年，也就是二〇一九年便開始布局海外，與日本代理商談合作，在日本新宿伊勢丹、大丸、LOFT百貨及蔦屋書店上架台灣品牌月亮褲。當時日本尚未有在地的月經褲品牌，谷慕慕不僅搶得先機，得到許多好評，還刺激日本廠商開始推出月經褲產品，甚至成衣連鎖品牌UNIQLO後來也推出平價的吸血內褲AIRism，想要加入這片潛力無限的市場。這股吸血內褲風潮也反過來吹回台灣，如今台灣UNIQLO門市也能買到該款平價吸血內褲。

她們兩人常自稱自己是「生理用品控」，回溯自己投入生理用品研發或者經期教育的日子，會發現台灣女性看待經期往往還是有負面印象，「電視廣告常常把月經形容成一個討人厭的大姨媽來訪，每次一來，大家就覺得天啊好討厭唷。」她們認為那樣並不恰當，假使連生理用品的大廠都這樣灌輸大眾負面印象，認為紅色經血過於鮮豔噁心，要在廣告中改用藍色液體，以免直接看到經血真實的樣子；或者是把月經講得萬惡不赦，好像是讓女性變得脆弱、脾氣暴躁不堪的罪魁禍首，這些概念的偷換會讓女性無法正向看待這個陪伴自己三、四十年的生理現象。因此若要有更好的生活體驗，就必須讓大家重新理解月經與經期。

當然，所有生理用品研發者都必須要突破消費者的心理關卡，不會只因為吸血內褲是非置入型的，困境就比較少。「當你要去開發一個新品類的時候，你要花的教育成本非常高，這不像 3C 產品強調『這個產品很棒，有很多新功能可以用』就行。它涉及很多對自己身體的想像、限制、排斥，包括對經血的不同心理障礙。要跟經血相處一整天，要清洗它，有些生理用品可能會需要你碰觸自己的陰部，甚至把手伸進去陰道碰到自己的經血，這都會讓消費者產生許多疑慮；你得花費心力好好跟她們解釋說明，她們才有可能在未來的某一天想要改變原有的生活習慣。投資人只是看到一半人口是女性，就以為生理用品市場充滿商機，錢好像很好賺，但這是種錯覺。」史文妃分析。

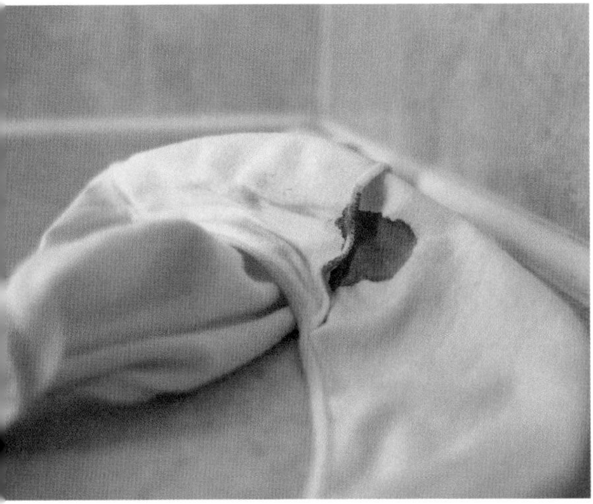

史文妃說這段話的意思是，吸血內褲當然是非置入型的，但是與它搭配使用的，無論是衛生棉、布衛生棉、棉條或月亮杯，這些多元產品中，多少有需要碰觸到自己經血或私密處的機率。因此就算是谷慕慕開發的吸血內褲品牌「月亮褲」品項更類似衣著，然而要突破的關卡卻與前述的生理用品廠商無異，投入生理用品教育的程度，也幾乎與凱娜不相上下。

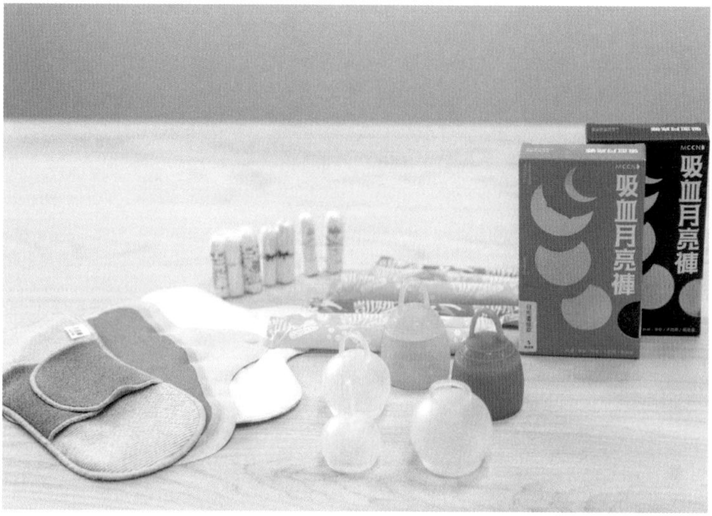

月亮褲不是置入型商品，但它可以搭配使用的生理用品繁多，因此谷慕慕投入在月經教育上的心力也不少。即便如此，陳苑伊與史文妃還是很驕傲台灣的生理用品市場如此多元。從棉條黑暗期到現今，非傳統衛生棉的使用者，如今多了非常多選擇。

在購買生理用品時，我們或多或少都會有一種期待，或者可以說是迷思：女性在購買一項生理用品時，都會很希望它能適用於整個經期，或者要能守住流量最大值的那幾個小時。但是在真正的使用情境中，女性往往不會只單用一項生理用品，她們會交替用不同產品度過經期，或者需要部署多重防護措施來防止量最多的時候。這樣一層層的布置是有原因的，因為流量難以控制，有時多、有時少，關乎每個人每次經期的當下狀態，——可能坐著的時候毫無感覺，站起來時忽然感覺到經血流出，或者在第五天時似乎經期要結束了，只會有幾滴經血，但到第七天時，還是會有經血——因此只能估計一個總量，然後想著該如何不讓經血外漏，或者能把生理用品的使用量減少到最低。

凱娜的凡妮莎認為生理用品是一個有維度的東西，第一個維度是個別的產品都可以單一使用，第二是可以互相混搭使用的，尤其是量多的那幾天，可以用混搭的方式讓經血完全不要外漏，第三個維度關乎你當日的行程，量很多那天，在家和出去上體育課，應該是要搭配完全不同的生理用品。她認為廠商應該要有更大膽的產品開發思維，消費者也要勇於要求經期生活的品質。「根據生活情境以及相對應的產品，我們能在經期做出的生理用品組合，說不定有一百種。這一百種，有些產品還沒被發明出來，但有些品項，或許已經存在，只是受限於我們的心理關卡，固執己見不去使用，認為這些事情微不足道。」

這種忐忑不安、局促不自在的感覺，使得女性在承接跟防漏上花了非常多心血。她們可能根據過往經驗知道，第一天大概什麼時候來，可能會很多，要提前使用衛生棉，第二、三天可能流量最多，那要全天都使用厚度最厚、長度最長的衛生棉，還要換穿包覆力較強的生理褲，以防外漏；但是在月經來的那個瞬間，或者月經的最後一滴到底要怎麼準備——是不是加個護墊，穿比較不會讓黏貼背膠鬆脫的貼身內褲跟長褲？是不是減少出門，只要一感覺到「來了」就趕快跑廁所？從等待、準備到真正經血來，這段「隱形的經期」比醫學認定的經期還要多好幾天，為了不要洗太多沾血的床單、衣物，以及不要被人發現的顧慮，讓經期對生活的影響比原先想的還要漫長。

在快來或快結束時使用棉條，的確能讓這段隱形經期縮短一些。女性可以稍微不用擔心瞬間流量的的問題，以及外漏時會沾染衣物的面積也會比較小。但是每個人遇到的外漏問題依然不太相同，儘管陰道應該是一個約四十五度角的斜型通道，推入棉條吸收經血後，照理說應該在幾個小時內都能防止經血外溢；但每位女性的器官形狀還是不太一樣，不同品牌的棉條柱體形狀有別，有的人用了就還是會外漏，這時還是要啟用防漏措施，並且一邊尋找替代方案，要不是果斷尋找新廠牌，不然就是使用手邊產品，並且加強外一層的防護措施。

這種時候，吸血內褲就成為取代棉條的另外一種選擇。無論你的陰道形狀為何、「快來了」的預感時間長或短，吸血內褲是以防水層來取代棉體，守住最後一道防線；或者對於本來使用衛生棉的人來說，你不必在內褲之外多加一個衛生棉。吸血內褲等於以一條內褲的功能，來取代多樣的產品。

顏色款式——考慮染血的視覺

最一開始，月亮褲的款式是全黑色款。之所以選擇黑色，是因為陳苑伊與史文妃創業金流有限，與工廠的訂單下量只能做一個顏色、兩個款式、兩種尺寸。而在淺色和深色之間，深色是多數人較能接受的。除了訴求夜用安心的基本款，史文妃也特別選定蕾絲款。在她們心中，月亮褲是能長期使用的產品，就跟一般內褲一樣，可以有各式各樣的圖案、裝飾，不是用完即丟的消耗品，洗完曬乾還會摺好珍惜

月亮褲採用機能性布料，看似輕薄，但同樣由親膚層、吸收層及防水層等三至四層布料組成。其中的防水材質透明如蟬翼。

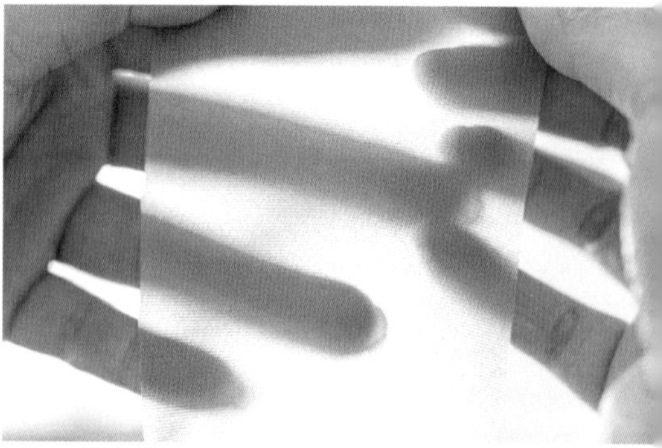

地放回抽屜，下次再取出來用，因此自己日常會穿什麼，月亮褲當然也必須要有，畢竟谷慕慕的創業理念就是「讓經期與日常生活一樣」。

陳苑伊在談到選擇顏色時這樣說：「想要褲子或褲底是淺色、可以觀察自己經血的人，可能會勉強接受黑色的褲子；可是如果只有白色，那些不想看到自己經血的人是絕對不會用的。所以最後決定先做黑色，也是考慮到市場接受度比較高，經血在上面會很不明顯，這樣有一種被吸收就消失了的感覺。深色也能強化都被吸收掉的印象，又不會讓人有紅到要外漏的感覺。」

他牌月經褲也有清爽布料，但非常難洗。月亮褲則是改採登山用的機能性布料，從裡到外共有三層——親膚層、吸收層及防水層，經血排出經過親膚層，會被吸收層吸收，並且防水層能阻絕外漏，經血被控制在吸收層，不會直接接觸到皮膚跟空氣，也能減低傳統印象中混合衛生棉化學分子的經血味，同時也很好清洗。

陳苑伊提到，生理用品的產品規格設計，常常跟設計師本人的生理期相關。像是谷慕慕兩位創辦人的經血量並不算特別多，可能在經期的大多數時間單獨使用月亮褲

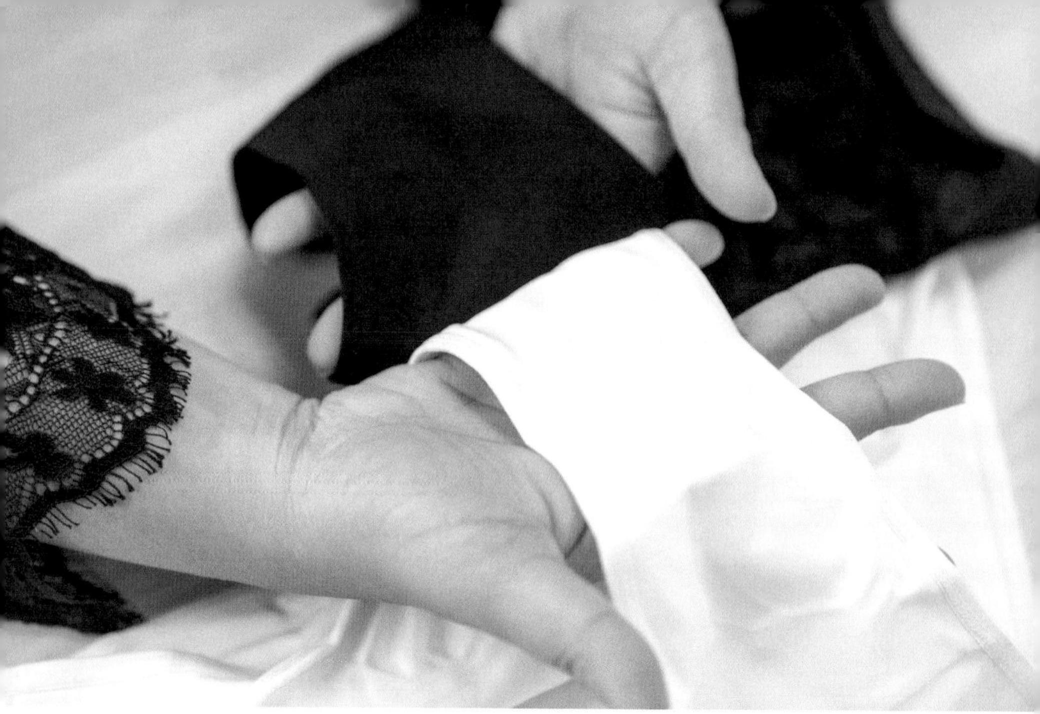

即可，血量最大時多換一件月亮褲，或是搭配棉條、月亮杯，即可輕鬆度過整個經期；但對於經血量多的人來說，需要判斷什麼時候吸收層已經飽和，如果量多卻沒有及時更換，有可能經血還是會從旁邊布料滲漏出去。

這時褲底設計成黑色就會有問題了。使用者會完全看不出來吸收範圍，只能觀察那些細微的反光差異。第一代月亮褲推出後，陸續收到客服的訊息，客人回饋說看不到自己的血量。「我們才知道有些人會很希望能直接觀察到自己是否有不正常出血，進而了解可能的原因跟健康狀況。使用月亮褲並不像使用月亮杯那樣，可以直接觀察到經血的

陳苑伊為我們展示月亮褲誕生前一代又一代的樣品，其中說到褲底如何從純黑色，進而改良至現今的深紫色，這是為了方便使用者觀察自己的經血，不僅為了防漏用途，也能觀察自己的健康。

狀態。」因為經血是有濃稠度的，血塊會殘留在親膚層上，不會被吸收進去，因此褲底設計成稍淺的顏色，對於觀察經血吸收範圍的確有幫助。「就像血塊在被吸收的時候只剩下固體，然後有種『原來血塊本人的液體都被吸乾了之後是長這樣啊。』」透過觀察經血，我們也會對自己的身體機制有更深的認識。

因此陳苑伊與史文妃開始調整月亮褲的褲底顏色。她們想到，創業時將品牌主視覺設計為紫色，因此也把褲底改用紫色布料。褲底的顏色調淺，至少可以讓使用者看到經血的範圍到哪裡。就像使用衛生棉時，要是經血已經擴散到快要靠近邊緣，就會知道要趕快更換。

從第二代月亮褲起，不只是將基本型做改版，谷慕慕還把尺寸從兩種加到六種全尺寸，後來還擴大產品線，推出不同的款式：有高腰跟中腰之分，還有經期能單穿去運動的運動短褲款，習慣穿得更通風涼爽的簡約款，甚至還有可以在下腹隔層塞暖暖包的暖宮款。而在顏色跟圖案設計方面，選色也不局限於過去主流女性貼身衣物品牌的粉嫩色系，而是提供更多元的選擇：二〇二〇年跟「臺灣吧」、「印花樂」合作，推出臺灣吧「黑啤與啤下組織 BEERU FRIENDS」、「台灣八哥」款跟「玻璃海棠」款圖樣印花的四角褲款式，選色也更中性，讓性別氣質不同的

暖宮款月亮褲。在褲子上多縫一個隔層，以便塞暖暖包。這是貼心許多經期不適者的設計。

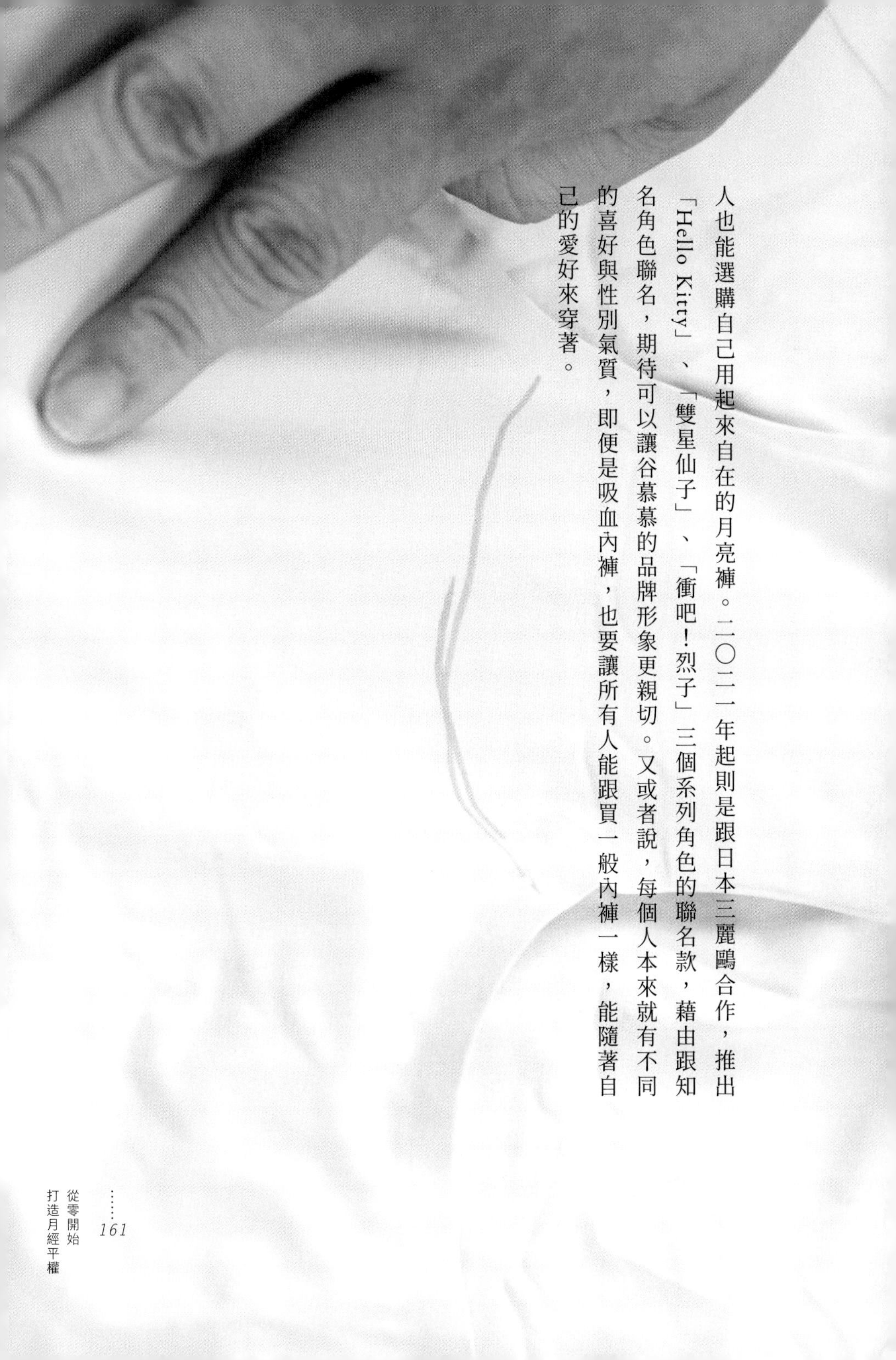

人也能選購自己用起來自在的月亮褲。二〇二一年起則是跟日本三麗鷗合作，推出「Hello Kitty」、「雙星仙子」、「衝吧！烈子」三個系列角色的聯名款，藉由跟知名角色聯名，期待可以讓谷慕慕的品牌形象更親切。又或者說，每個人本來就有不同的喜好與性別氣質，即便是吸血內褲，也要讓所有人能跟買一般內褲一樣，能隨著自己的愛好來穿著。

打版——打造舒適的包覆感

在台灣月亮杯群眾集資專案中擔任產品設計的陳苑伊，其實是織品設計的外行人，但既然創了業，就要負責從設計到工廠接單生產的這段過程。她坦言，一開始還是用工業設計的邏輯去執行，「起先以為看到設計圖就可以想像實際的樣子，但打樣出來都跟想像中不一樣。」初入新領域，她還沒有很了解織品加工方式或製作方法，經歷了幾次的溝通，剛好看到打版師在畫的線稿，才能理解「喔，原來是長這樣！」

「原先我不夠理解該怎麼標示才

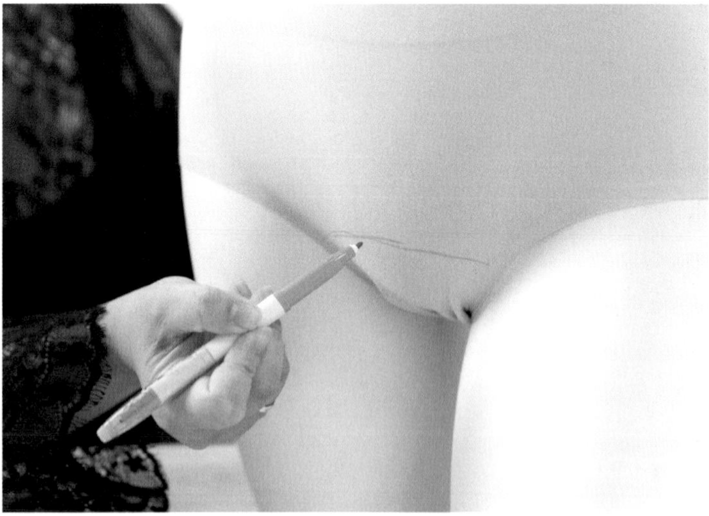

研發的最初，陳苑伊是透過購買它牌的內褲，實際在褲子上畫線，去模擬出自己想要的設計。

算『清楚』，以及中間各個部件怎麼組裝起來。」因此早期研發的時候，只能就樣品本身去討論。她回想，「以前做產品設計，畫3D檔案給開模的師傅，頂多拋光沒拋好、細節沒修好，但整體尺寸都會跟設計圖一模一樣。」但織品的狀況並不相同，已經標示在樣品圖上的東西，有一些地方本來沒有想到要改，打版時才會發現問題。有些地方她跟打版師想的不同，卻沒有看出來，要等到打樣出來，才知道當初彼此想像衣物的邏輯大不相同。

工業設計師改行做織品設計，有一段頗長的適應期。理由是因為月亮褲的材質跟版型比較複雜，起初掌握度也不高，要摸索很久才能搞懂細節。「比如說像是月亮褲有推出夜用加長版，這個款式的後面，吸血層布料做比較大片，就有很多細節要調整。」我們一般會設想是：夜用款除了從中腰改成高腰款式，後面的布料變大片，增加吸血範圍，這樣就可以了對吧？

「但實際打樣出來，不只腰部加高，吸收範圍也加寬了。」當時她沒想到會有什麼問題，包覆身體的布料增加，就代表吸血包覆的範圍也會增加，不是很好嗎？「然後我們現場試穿，測試站著與蹲著的時候會不會覺得卡。接連改過好幾次，但都是做出來才發現，站著的時候，腳只要稍微往前，屁股後面那塊布因為沒有彈性，拉扯開來時，沒辦法包覆整個臀部，布料會直接翹起來。」

這些狀況都讓陳苑伊理解到，光是在紙上畫平面的設計圖是不行的，需要有更立體的想像才能應付各種狀況。還缺乏實際經驗的她，一開始是去買一般內褲，在上面畫線，描自己在哪個部分要做什麼，之後才是透過一次次打樣來調整、修改，最後做出成品。

月亮褲不只是改良內褲的版型，也因為它在親膚層下尚有吸收層跟防水層布料，要固定這幾層布料，著實煞費苦心。在她們研發的早期，國外的吸血內褲品牌不多，且試穿經驗都不是很讓人滿意，有的產品即便聲稱有防水層，但是卻讓車縫線車過防水層，就此讓防水層失去功能，經血隨著車縫線滲漏，還是有外漏的問題。

谷慕慕為此研發出反摺邊工法的專利，利用防水層的布料特性，在夾層裡把防水層反摺，解決這個問題。一代無痕月亮褲都是採用反摺邊工法，成本極高，在紡織成衣加工廠紛紛外移的台灣，根本找不到可以量產的工廠，頂多只能做少件樣品，因此要將所有布料送到中國工廠加工完成這個結構，再寄回台灣繼續製作完成，為此付出高額關稅跟運費。後來，谷慕慕仍持續改良產品，再次研發車縫工法的專利，並且找到願意做台灣訂單的工廠，讓整條展線都是確實的台灣製造商品。

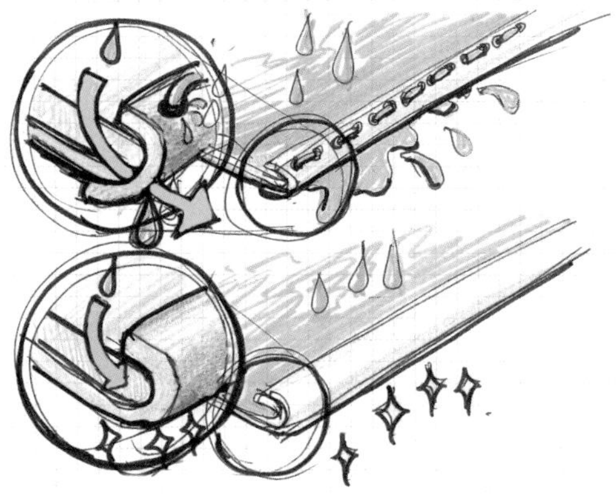

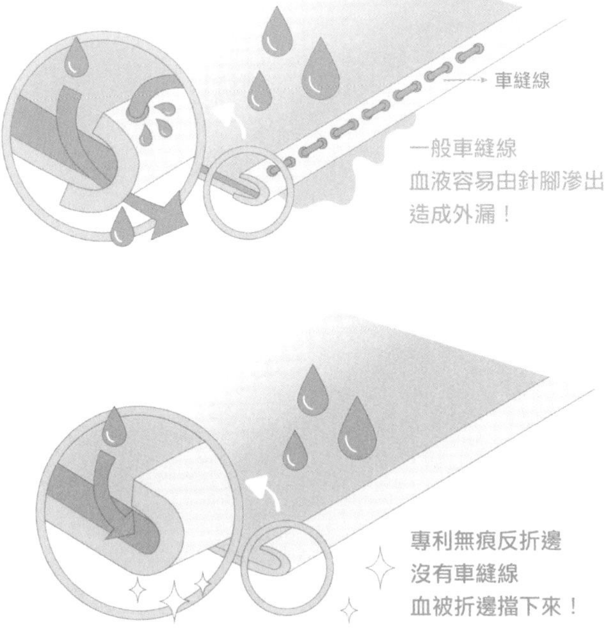
車縫線
一般車縫線
血液容易由針腳滲出
造成外漏！
專利無痕反折邊
沒有車縫線
血被折邊擋下來！

為了解決外漏問題，陳苑伊特別設計了反摺邊工法，讓防水層反摺，減低經血溢出的可能。圖為陳苑伊的手繪圖，以及之後正式繪製的說明圖片。

讓我們快樂談論月經——

月經教育與推廣

快樂地度過經期是史文妃與陳苑伊的品牌理念。她們希望能打破傳統對於經期痛苦、負面的印象，讓月經從「壞姨媽」變成「好姨媽」。因此該用什麼方式推廣月經教育，也就成為核心工作之一。

講到生理用品廣告，浮現在多數人腦海中的電視廣告腳本，可能會是：

①日用版：一名面貌姣好的女性，穿著白色緊身長褲，跟著朋友出遊，而周遭朋友都不知道她有來月經。緊接著，介紹產品時，就會用藍色液體倒在衛生棉上，測試棉體吸收力有多強。

②夜用版：女性睡覺翻來覆去，睡睡醒醒，時常擔心會外漏，還可能半夜起身，忽然跳起來跑廁所。換了產品後，因為衛生棉長度增加，面積吸收力提高，整體包覆感更強，不外漏就能一夜安心到天明。

這兩種衛生棉廣告腳本原本展現出「女人得以免於弄髒衣物跟床單」的快樂，經血在流出的瞬間就被妥善吸收，不會外溢到女人不想看到它的外褲跟床單上，也就免於被人發現以及減少清理的家事勞務，而當這些心理負擔減少，就能專注在她們真正想做的事情上。我們可以發覺，廠商出資的廣告內容，具有形塑女性意識的力量，鼓勵從室內轉移到室外，心思從家務上頭移開。

只是當衛生棉廣告一再重複彰顯這類敘事，整個生理期的樣貌就會開始模糊，史文妃跟陳苑伊在觀察市場動態時，注意到戶外女性活動的樣貌，仍屬靜態，如集體聯誼性質的騎腳踏車、逛街、野餐，較少如國外廣告會呈現女性於經期從事較高強度的運動，那些游泳、跑馬拉松或者攀岩的女性，似乎違反經期和緩運動的慣常見解，因此消失在台灣觀眾的視線中。

再者，經期的日常煩惱被分成白天跟晚上，也是因為衛生棉的產品性質，衛生棉必須靠底部黏膠固定在內褲裡，讓兩種柔軟的材質呈U型上下相黏。人站著不動時，自然不覺得會位移，可是坐著、躺下，或者翻個身，位移風險就增高。這種使用的煩惱凸顯經血外漏的問題，卻很少讓我們將注意力集中在產品本身，正因為衛生棉本來就不太適合夜用，才要一直加長度加厚度、變成內褲型，解決女性流量多那幾天的困擾。

史文妃跟陳苑伊在思考谷慕慕的品牌調性時，便希望呈現出經期文化的多元面貌，而不單純固守於產品的功能。就行銷的戲劇語言而言，訴諸功效可能也要放大消費者困境，否則要怎麼讓消費者意識到自己的匱乏，進而想要購買？

為了與主流生理用品品牌有所區別，谷慕慕想要帶來另一種詮釋生理期的可能。

品牌呈現有幾種特色：一是明確定調品牌形象，讓「谷慕慕」化身為一名「女性」，這位擬人化的月經好朋友，面對經期並不焦慮，還可以沉著應付經期。「谷慕慕」不是高高在上的專家權威，而是樂於分享月經大小事的同伴，大事可以是月經貧窮議題以及生理用品免稅，小事則比如月經的生命故事，當下面對月經來的緊張，經痛得滿地打滾，或者是求學時期從長輩跟同儕那裡知道的月經刻板印象跟月經笑話。

二是形象廣告故事不走「甜美女孩的日常煩惱」路線，而要訴說更多經期的混亂和躁動情緒。二〇一八年谷慕慕廣告影片裡的女主角帶著怒意登場，用重金屬死腔唱出對月經不請自來的不滿，緊接著是穿著月亮褲順利「接殺」經血的勢在必得。以往生理用品廣告大多想要避開情緒不穩定跟經期之間的過度連結，女性就算受生理變化所苦，也不能表現出瞬間爆發、壓力爆表、尋求發洩的模樣；谷慕慕這支別開生面的廣告，正視女性經期的身心動盪，解釋外顯情緒跟壓力並非毫無原因的失控，而是經期困境長期受到忽略，甚至不被視為問題。月經並非說來就來，正因只能大概推算，無法精準預知到幾時幾分，讓等待月經來跟走的那幾天都變成「隱形經期」——這就是月亮褲之所以必要的時刻，它不是吸收量最高的產品，也沒辦法讓人不碰到經血、完全聞不到經血味道，但是它能解決被隱形的經期困境。

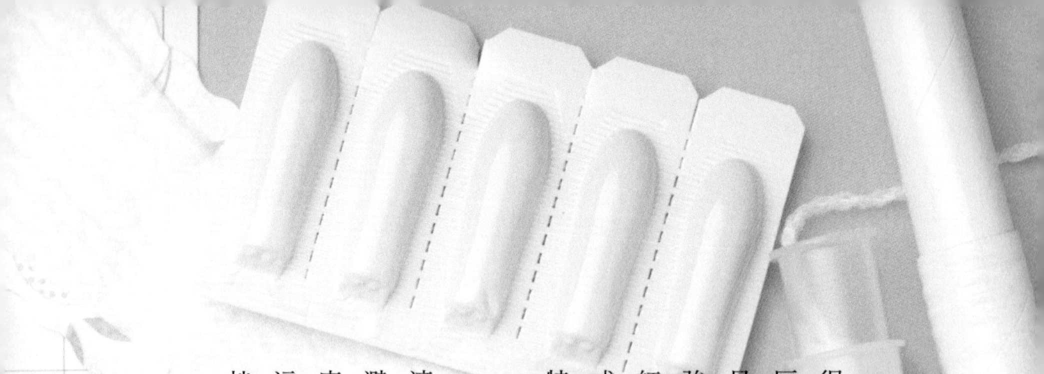

三是月經不再是女性的仇人，而是想到時會覺得有點煩人，但還是很熟悉的多年好友。谷慕慕長期和插畫家合作，不時在臉書發布有些無厘頭的多格漫畫作品，把月經形容成愛哭又愛當跟屁蟲的好朋友，或者是不請自來的小精靈、奇怪生物。既然要與初經前後的孩子溝通，又要強調商品的功能性，插畫便成了最好的媒介。她們也不避諱呈現經血的紅色，強調正向看待月經，因此谷慕慕的插畫廣告總是有一種歡樂活潑、或者有一種解放感。經期不再是讓女性煩惱的象徵，而是一種你在一段特別的日子中，持續如常、且快樂地生活著。

谷慕慕的廣告抗拒用藍色液體代指月經，也不想美化經期的種種不適，這些挑戰指出過去習焉不察的問題：為什麼生理用品廣告多年來都避諱見到真正的「經血」？為什麼避談經期的困擾與真實處境？她們的廣告指出問題並不在於「刻意不提」，而是一直以來都很少人注意到，這些看似微不足道的困擾，使我們恥於談論月經，羞於分享經血外漏的挫敗感。

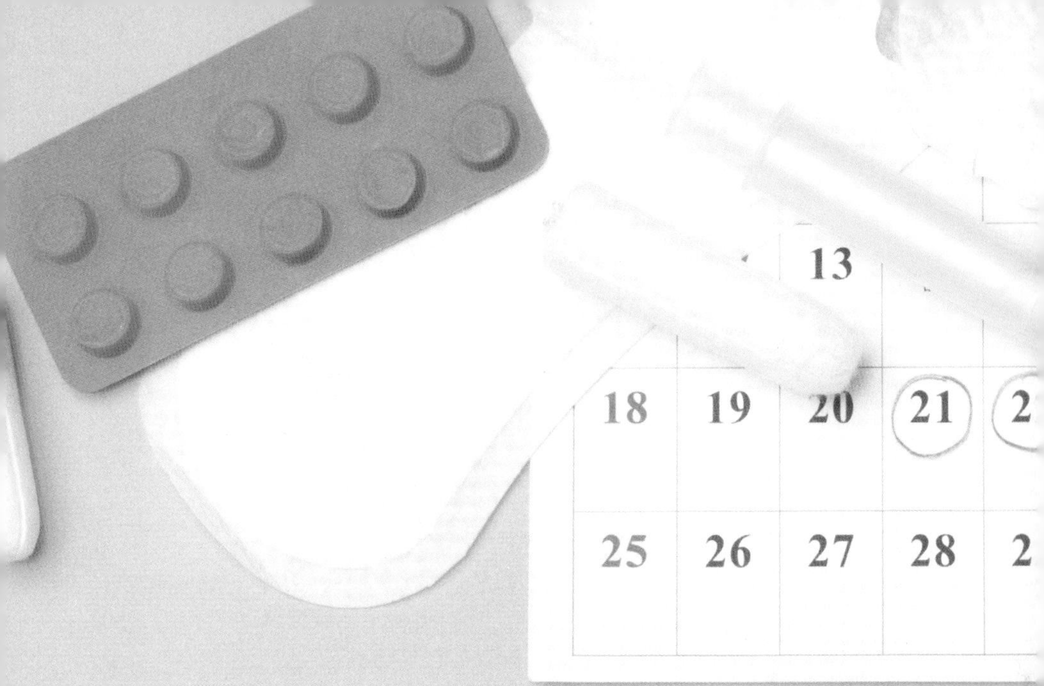

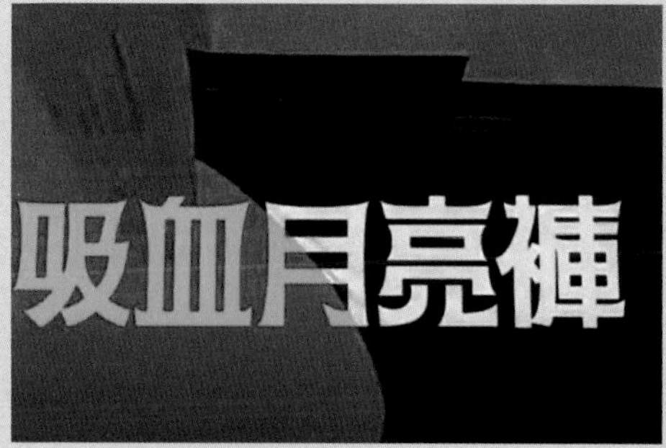

推出運動款月亮褲時，谷慕慕也做了一隻結合重金屬死腔的廣告，希望打破大眾對於經期的刻板印象，不要避談月經，而是能自由抒發。觀賞這支影片，可掃上方 QR Code。

月亮褲初體驗
罵罵HOW
I do!
事情是這樣的……
一開始是幫「吸血月亮褲」
預購網頁畫插圖，愈畫
對產品愈好奇，當谷慕慕
問罵罵HOW要不要穿穿看
罵罵HOW：好啊(High)
第一次與吸血褲相見
以為很土…
實際上有點sexy
日用蕾絲款
夜用安心款
以為很厚…
實際上
驚呆的薄！
第一次與吸血褲親密接觸
感覺與穿一般內褲無異，且異常期待接住
第一滴血！
來啊！來啊！
老娘才不怕
哈哈哈～
腦殘性感喔～
使用心得1：任何狀態月亮褲都完美接殺
睡覺
運動
帶小孩
別跑！
使用心得2：找到適合自己的搭配方式
Just try～
我醒著時都
是穿日用款～
睡
日用
夜用

谷慕慕與插畫家罵罵 How 合作的廣告，在可愛的畫風中有些微的知識性，並強調月亮褲的實用，這是結合史文妃與陳苑伊的理念，想透過輕鬆、活潑方式與孩子溝通。

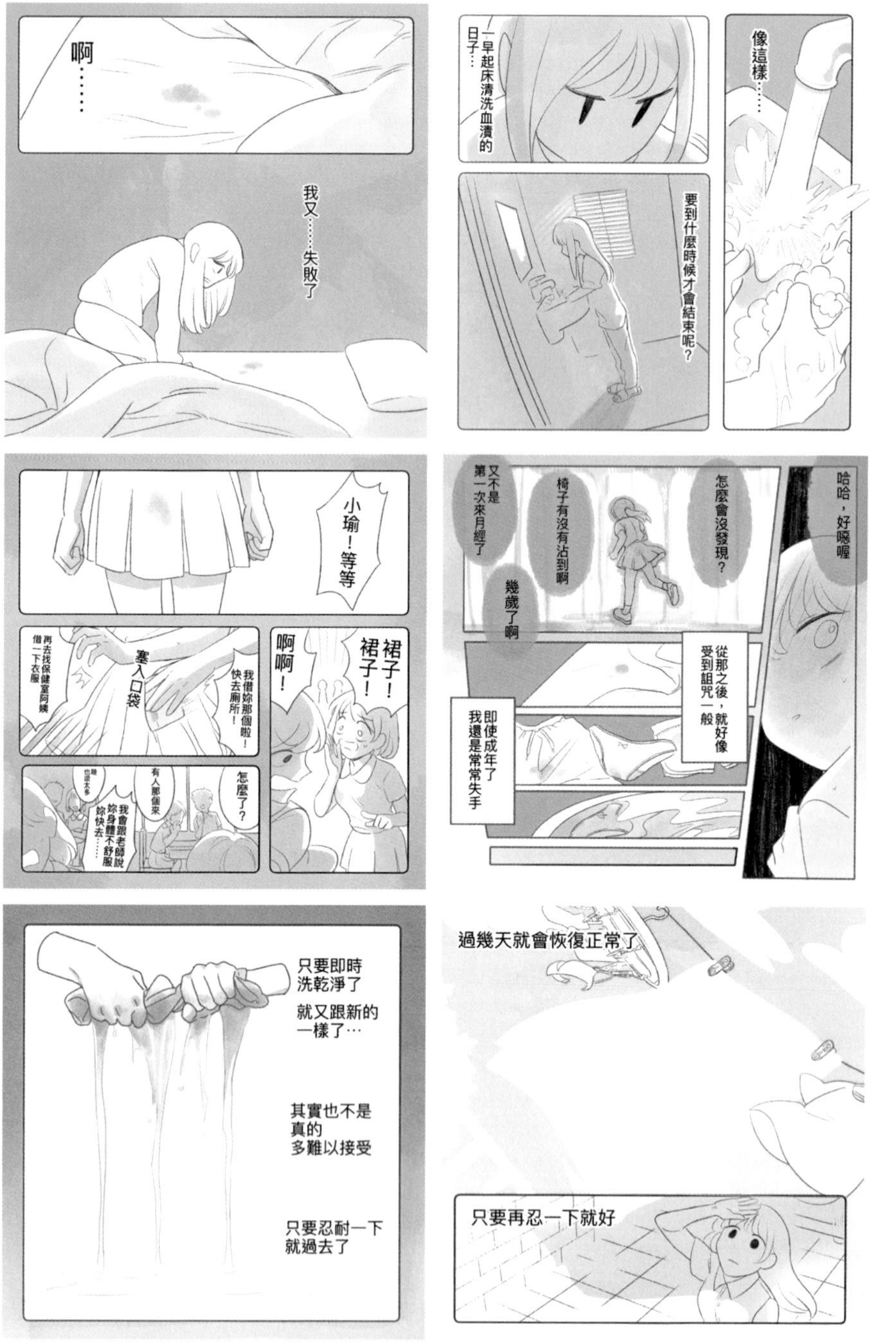
啊……
我又……失敗了
一早起床清洗血漬的日子…
要到什麼時候才會結束呢？
像這樣……
小瑜！等等
裙子！裙子！
啊啊！
塞入口袋
我借妳那個啦！快去廁所！
再去找保健室阿姨借一下衣服
怎麼了？
有人那個來
我會跟老師說妳身體不舒服 妳快去……
哈哈，好噁喔
怎麼會沒發現？
椅子有沒有沾到啊
又不是第一次來月經了
幾歲了啊
從那之後，就好像受到詛咒一般
即使成年了我還是常常失手
只要即時洗乾淨了
就又跟新的一樣了…
其實也不是真的多難以接受
只要忍耐一下就過去了
過幾天就會恢復正常了
只要再忍一下就好

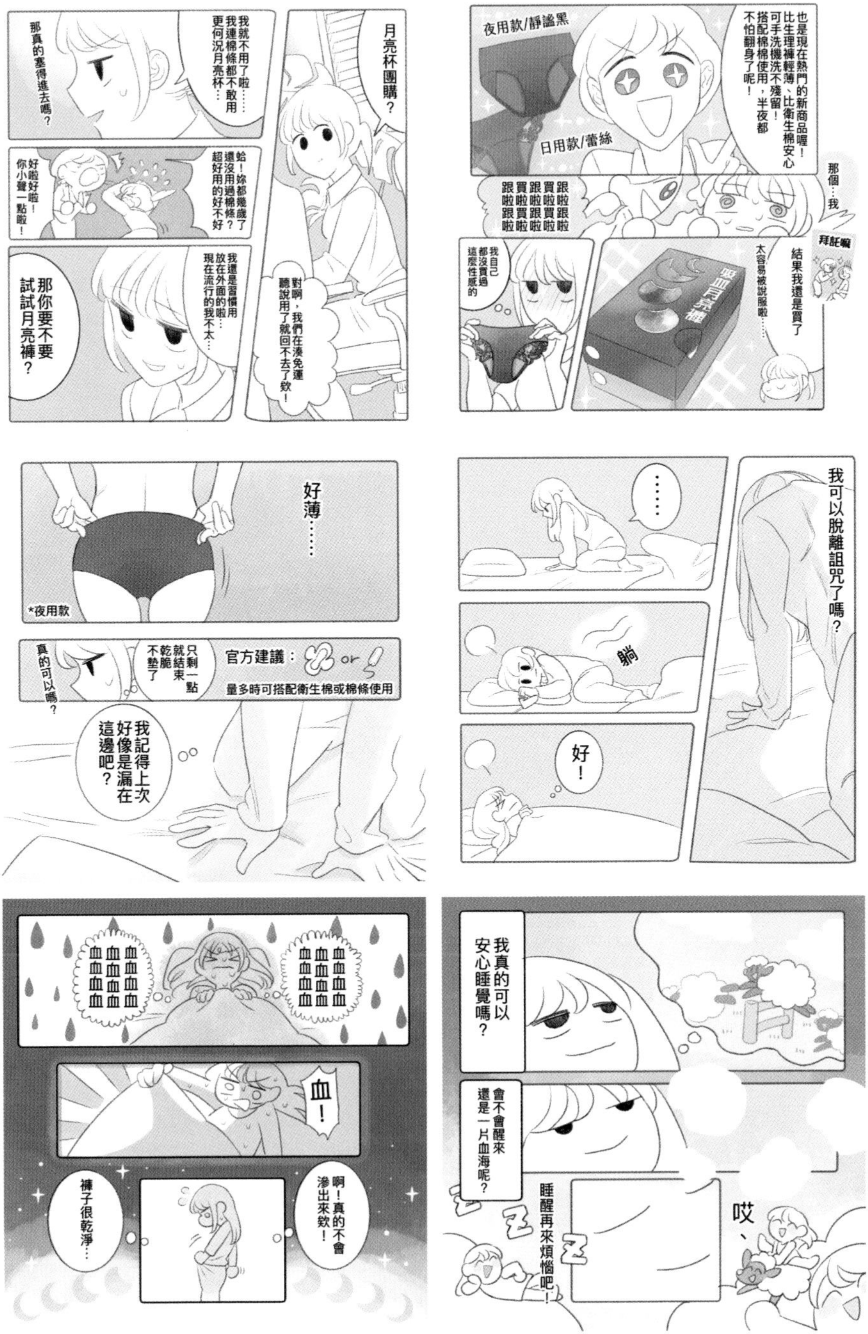

月亮杯團購?
對啊,我們在湊免運
聽說用了就回不去了欸!
我就不用了啦……
我連棉條都不敢用
更何況月亮杯…
那真的塞得進去嗎?
蛤!妳都幾歲了
還沒用過棉條
超好用的好不好
好啦好啦!
你小聲一點啦!
我還是習慣用
放在外面的啦…
現在流行的我不太…
那你要不要
試試月亮褲?
也是現在熱門的新商品喔!
比生理褲輕薄、比衛生棉安心
可手洗機洗不殘留!
搭配棉棉使用,半夜都
不怕翻身了呢!
夜用款/靜謐黑
日用款/蕾絲
那個…我
跟買啦跟買啦
跟買啦跟買啦
跟買啦跟買啦
結果我還是買了
太容易被說服啦……
拜託嘛
吸血月亮褲
我自己
都沒買過
這麼性感的
好薄……
*夜用款
真的可以嗎?
只剩一點
就結束
乾脆
不墊了
官方建議:
or
量多時可搭配衛生棉或棉條使用
我記得上次
好像是漏在
這邊吧?
……
我可以脫離詛咒了嗎?
躺
好!
血血血
血血血
血血血
血血血
血血血
血血血
血血血
血血血
血!
褲子很乾淨…
啊!真的不會
滲出來欸!
我真的可以
安心睡覺嗎?
會不會醒來
還是一片血海呢?
Z
Z
Z
睡醒再來煩惱吧!
哎、

與新一代漫畫家穀子的合作，則完全強調感受性。透過廣告，谷慕慕不停地嘗試與年輕使用者溝通。與各式插畫家合作，亦是谷慕慕的特色。

月經本該是人們的重要話題

史文妃跟陳苑伊離開學校之後，從沒有想過會再參與學術盛會。但是在台灣創業之後，她們跟日本、中國的廠商和投資人也有所接觸，注意到台灣的例子或許是特別的——為什麼台灣的獨立生理用品品牌這麼多呢？販售布衛生棉、棉條、月亮杯這些品項的廠商越來越多，同時活絡的線上社群文化，也不斷在討論國外的月經科技產品，甚至集體跟廠商「許願」，請求更方便的購買管道，以及相應的售後服務。這代表在乎自己月經的女性數量增加，勇於表達意見的人影響商業活動深遠。這使她們打算到世界大會分享台灣獨立生理用品廠商的創業經驗。

兩年一次的「世界月經大會」，聚集各個國家的生理用品廠商與愛用者。這是所有「月經控」都想參與的盛會。

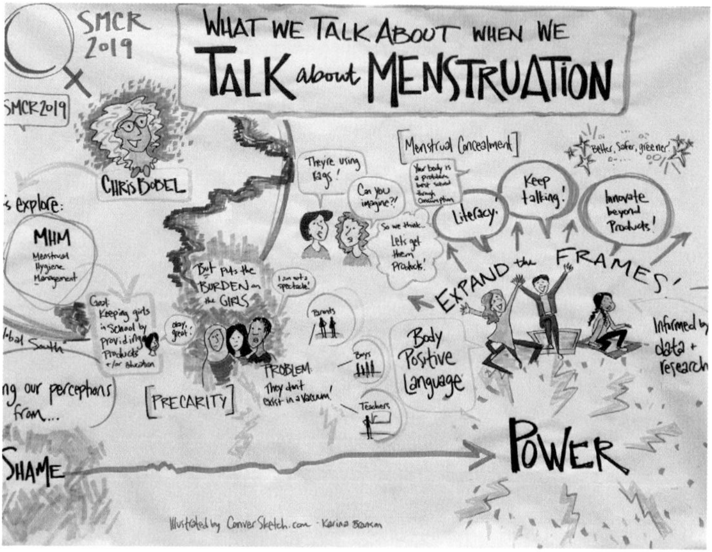

如何以視覺圖像紀錄當下激盪出的討論，也是月經大會的主題之一。

世界月經大會（Society of Menstrual Cycle Research）是兩年一度以月經為主題的學術研討會，大會裡不只談醫學的月經，同時也重視月經的社會建構，因此也有社會學的關懷。史文妃回憶，第一天議程當中，有一個醫生談子宮內膜構造的病理學，此外也會聽到跨性別、性別研究領域的發表，甚或是國族跟族群下的女性跟月經。

到了世界月經大會現場，她們遇見印度、尼泊爾、菲律賓等地的學者，皆是台灣學術界較陌生的國家。原本她們一開始對這類學術會議的想像，都是清一色的「西方人」，早就從棉條跳到月亮杯，或者是跳到哪個看不見車尾燈的新產品研發去了，台灣的例子根本不被放在眼裡，因此兩人在準備時，本來是想強調台灣在亞洲有多特別，跟歐美有多大的不同；然而去了之後才發現，自己對亞洲的想像很局限，頂多只能說台灣歷程是東亞地區的其中一個發展案例，用台灣去指稱亞洲的月經行動太狹隘。在大會遇到的南亞、西亞國家狀況，都不是她們兩人所熟悉的，而其他地區的國家，也都有各自的經期文化困境。

月經的社會學研究，不只是月經的污名或者是女性遭受貶抑，也有消費行為的相關研究。她們還記得，有研究討論他國生理用品在商店裡面的位置：是放在一個很容易看得到的地方嗎？還是很裡面的角落？生理用品被歸類為「護理」還是「清潔」還是「女性用品」？或者是歐美許多地區，因為宗教或者廠商物流問題，也不一定能在街角的藥妝店直接買到月亮杯。這樣的異國交流也反映了現階段台灣店面陳設跟消費行為並非那麼理所當然。仔細想想，早期台灣的生理用品很容易被放到商店內側，預設買的人會想要有比較隱私一點的環境，帶走時還要多給一個牛皮紙袋，不像現在結帳櫃檯旁邊就能加價選購特價促銷的衛生棉；但這是因為過去整個社會看待月經的方式較為負面，才產生相對應的結果。事實上，不見得每個人都需要這種隱密感，只是生理用品的購買往往被塑造成必須要是隱密的。

還有學者討論到，應該要更重視 LGBT 族群處理月經的方式。不管是拋棄式衛生棉、棉條或者月亮杯，設計多是預設順性別女性會在女用廁所裡替換產品，行為模式大抵上相似——去除衣物、如廁、更換生理用品、清潔私密處、穿上衣物，最後再離開小隔間，洗個手再走。這當中比較共通的問題，應該是在更換生理用品之後，會擔心清潔用的水跟衛生紙夠不夠？就算聽到隔壁廁所的女生上廁所的時間比想像中久，好像飄來些微血的味道，或者有窸窸窣窣的聲音，同為女性並不會太意外，但這些聲音要是出現在男用廁所裡呢？未經歷性別重置手術的跨性別男性，有的人並未去除原生性別的性器官，仍然保有卵巢、子宮跟輸卵管，亦即還是會有月經，要在廁所處理經血，使用產品時發出的聲音，可能會為這群人帶來危險。要是撕開衛生棉或者棉條外包裝時，被人懷疑怎麼辦？將廢棄物丟在男廁垃圾桶，會不會被人發現，繼而找麻煩？甚至在衛生紙可沖馬桶的男廁裡，根本就沒有垃圾桶？跨性別男性走進男廁時，可能會有隱蔽處理月經的需求，他們需要安靜、迅速替換產品跟處理廢棄物，可能有人根本不敢替換，害怕被外面的人發現，因此多帶幾條內褲，事先貼好衛生棉，安靜換下來趕快走。史文妃跟陳苑伊在聽到這場討論時，便想到月亮褲的產品特色其實很符合跨性別男性的需求，量少時可以不用時時更換，也不會留下廢棄物在現場。只是現有的月亮褲樣式——好像沒有適合的樣式啊！蕾絲不太ＯＫ，三角褲可能過於強調女性曲線，這讓她們回台灣之後便決定加開產線，推出較中性的四角褲款式，希望功能跟樣式上都能讓多元性別者覺得自己沒有被排擠（銷量就跟預期一樣，沒有很好，但兩人強調依舊會讓這類產品繼續存在）。

慶祝月經

在月經大會的現場，兩人覺得周遭形形色色的參與者就是一群月經控，這時兩人才想到，自己在別人眼中可能也是如此，然而身在月經大會，同時也會感受到自己的渺小，旁邊的與會者都比自己還要狂熱太多。「有很多人研究到這麼透徹，並且眼睛閃閃發亮地想要跟你分享，這是一件很棒的事情。」不僅如此，在大會上發表的研究成果，有的學者講得極其細微，超乎一般人的想像，陳苑伊說：「我還聽到一些研究者介紹子宮頸研究，要觀察自己分泌物的黏稠程度、顏色等等，這還不是說陰道分泌物喔，她們還加以區分，是要研究子宮頸黏液。」在女子不孕症方面，子宮頸黏液是否異常，往往也是評估的重要指標，讓兩人印象深刻的並不只是醫學前沿的突破性進展，而是醫學專家來到月經大會，想跟不同領域的專家交流，討論怎麼對醫學的身體跟社會的身體有進一步的了解。這就好像是，作為女人，你不再被排除在外，不再被視為不重要的旁枝末節——這是全球專家版的經期文化社群，跟她們在當年台灣月亮杯群眾集資計畫社團感受到的熱切討論氛圍類似，甚至有過之而無不及。

「另外一個讓我印象深刻的是跳舞。有一個是飢渴的卵巢之舞，台上的人帶著大家一起用舞步，從濾泡期開始認識，教大家哪些舞步是排卵、黃體期、月經來了！台下的人也都跟著跳。」月經大會這個場合也是兩人第一次看到有人用月經海綿。「（月經海綿）用到後來的顏色，就像我們平常拿著透明月亮杯洗到最後的狀況一樣。使用了兩年的天然海綿，顏色就像是化妝用的膚色海棉。」（但根據二〇二一年最新的研究，美國婦產科醫師珍・甘特〔Jen Gunter〕建議大家不要使用天然海綿作為置入陰道的生理用品。）這感覺就像一群充滿熱忱的月經控相聚在一起，彼此共享不同的產品與知識，讓在台灣認為自己很「小眾」的她們沒那麼孤單。同時，史文妃與陳苑伊也找到台灣讓人欣羨之處，當她們對那位推廣月經海綿的菲律賓裔美國人描述自己的創業歷程時，對方「非常激動，覺得菲律賓應該要好好跟台灣學習」。同樣也在這場大會她們發現，歐美因為地區幅員廣大，物流的流通速度不像台灣那麼快，因此即便藥妝店有整面的「棉條牆」，卻不一定買得到月亮杯。而台灣在康是美、屈臣氏就能買到從衛生棉到月亮杯這麼豐富多元的生理用品，幾乎可以說是領先絕大多數國家的。原本是去取經兼推廣台灣的月經文化，最後卻讓她們收穫到滿滿的「台灣價值」，確定了耕耘台灣的生理用品市場的確意義非凡。

晚餐後的晚會，則有行為藝術表演，經血在此處是種時尚，大家會討論經血的紅色如何在衣服上成為一種裝飾，或者是想像外漏流出來的各種形狀成為衣服上的花紋，例如凱特王妃穿著白色的洋裝，非常優雅地出現在大眾面前拍照，而洋裝背面的裙子上卻有一小塊代表月經的紅色圖案，顯得非常時尚的狂想。「（藝術家）同時發給我們粉紅螢光顏料跟超大的男性內褲，叫我們在上面做畫噴灑，現場的大家都非常開心投入。」

出現在晚會時的藝術品「棉條玫瑰」。

月經大會的主辦人還有很可愛的交接儀式。兩年一次的主辦單位會在本屆活動交棒給下一屆，用金屬特製的棉條導管信物進行傳承儀式，學者們還開玩笑說，世界月經大會的傳承信物應該與時具進，從棉條導管改成月經量杯才對。

舉辦實體的「月月聚」

做生理用品市場，不可避免要遇到月經教育的問題，畢竟從布衛生棉發展到月亮杯，大家心知肚明突破心理關卡才是產品能夠推廣的重點。當年經營「台灣月亮杯群眾集資計畫討論區」臉書社團的經驗，在史文妃跟陳苑伊心中埋下種子，「也是因為這樣，谷慕慕更想要做『月月聚』，每期不同主題的月月聚，讓無論是否是月亮褲的使用者，皆有一個了解與抒發的管道。

【月月聚#1】生理期減廢好輕鬆

大家很需要一個能面對面講話的空間。」

部落格、臉書社團等線上空間相對比較容易參與，可是她們的經驗讓她們知道，實體聚會還是有一定的重要性，「我們想要讓大家在實體場所暢談月經。」那是一個卸下心防後更不會有隔閡、也更有共同體感受的場域。

不限於女性，月月聚也歡迎生理男性來參加，在好幾次的月月聚中，破冰時間女生也很愛問男性對月經的理解程度，或者是他們對於月經禁忌懂多少、對女友或太太月經來時的不適有何感想，又會怎麼提供陪伴跟撫慰，「後來發現很多人都會吃甜食。」害羞的人在開始述說之後，也會漸漸變得坦然，這是實體見面交流最珍貴之處。

臉書社團或者批踢踢等場域之所以給人很溫馨熱烈的氛圍，其中一個原因是大家在日常生活中很難公開討論自己的月經。史文妃觀察，這跟年紀沒什麼關係，「你會發現大家在社團討論這麼密切，或是說私下聊得這麼熱烈，但她們就是不會在自己的臉書或是公開場域大聊特聊。」而自月月聚開始舉辦以來，曾經討論過很多主題，比如月經減廢、中醫對月經的看法、改善經期不適的刮痧療法、健身教練推薦經期可以做的健身房運動等。那場教經期運動的月月聚特別好笑，「原本大家以為只是和緩的瑜珈，結果根本是錯誤期待，教練帶大家跳強度極高的有氧舞蹈。」兩人光想起來就要體力不支，當時全場的人也都累到氣喘吁吁、差點倒地不起。

無論是線上或是線下，當史文妃看到大家熱烈討論，「那是一個渴望告訴別人我在流血的狀態，很渴望有人能夠理解，或者跟我處在同一種狀態。我想那是在追求某種連結感。那種渴望的感覺會讓我很驚訝，一定是在生活中完全沒有辦法跟別人講，然後累積各種壓抑，但又真的很想要分享，才呈現出這樣的反差。」史文妃說，自己是一個想分享就分享月經資訊的人（畢竟連論文主題都是這個！），比較沒有那種壓抑的感覺。可是她的確覺得社群裡有一股因為壓抑而爆發出來的狂熱，也讓谷慕慕發願要在二〇二二年舉辦台灣第一屆「月經狂歡節」，從台灣女性開始建立一種「儀式」，再擴及到整個社會，一起討論月經、共同分享、玩耍。這場辦給所有人的月經狂歡派對，也將成為台灣生理史上的一個重要里程碑。

這股使用者帶起的狂熱，完全體現在台灣生理用品市場的發展歷程。在小小一個台灣，就有那麼多人投入做生理用品，這幾年相繼有新的棉條、月亮杯跟吸血內褲品牌上市，而布衛生棉的材質也有革命性的轉變，這些相互競爭的廠商並不是來搶食小得可憐的非衛生棉市場——它們將跟現有品牌一起持續打造多元的產品市場，並且拓展月經的討論空間。這也代表生理用品市場並不像二〇一〇年凱娜上市後那麼安靜，許多人對生理用品市場也越來越有信心。史文妃認為，市場要不斷創新，才能擴大，才會有商機，同時產品功能的溝通門檻也會降低——以前可能只有少部分的人知道不同棉條品牌的棉體跟吸血能力有區別，或者子宮頸分成低宮頸跟高宮頸，各有適合的月亮杯產品，又或者是紡織布料科技的推陳出新，使得吸血內褲在吸收經血跟抑菌的能力大為提升，有別於傳統生理褲只是減緩經血沾染外褲的面積跟速度。

史文妃回顧生理用品發展史時，樂觀地認為，台灣的月經去污名化運動，也許能比美國還早達成。因為每次指標性生理用品的上市，都使棉條跟月亮杯的相關知識跟

購買管道更加暢通，長期的廣告跟教育，也讓月經議題能見度更高。就像當年凱娜推出棉條時，史文妃覺得自己從資源匱乏的棉條貧民，瞬間成了不虞匱乏的「棉條富翁」，史文妃也期待，透過她們的推廣，十年以後台灣女性可以成為「月經富翁」！總有一天，台灣女性對月經的觀感不再是痛苦、每月都需要付出非常多力氣才能度過的那幾天，甚至學校或者公共場域都能輕易獲得跟月經有關的教材跟常識，使得女性在知識跟產品方面都能因為自己的需求跟喜好，而有不同的選擇跟組合，經期因而變成一種幸福指數，能夠衡量你的主觀幸福感「現在過得多好」，這該是一件多麼美好的事！

結論

讓月經富裕不再是夢想

◎二〇〇八年起　林念慈開始在尼泊爾推廣布衛生棉，而國內廠商如「甜蜜接觸」、「櫻桃蜜貼」相繼上市，許多手作市集販售布衛生棉也越來越普及

◎二〇一〇年　凱娜導管棉條上市

◎二〇一五到二〇一七年　凱娜月亮杯集資上市

◎二〇一八年　谷慕慕吸血內褲上市

◎二〇二〇年　谷慕慕吸血短褲上市

◎二〇二二年　凱娜月經碟片推出集資

「有外科女醫生寫信說，開刀動輒好幾個小時，棉條讓她心無旁鶩；也有單肢殘障網友說單手無法換衛生棉，幸虧有棉條。」凱娜創辦人凡妮莎在一場採訪中曾經提到[32]。

即便棉條可以改善女性的生理期體驗，但是在二〇一〇年凱娜導管棉條上市時，受限於處女膜迷思、月經污名化等女性性知識不足的社會氛圍之下，本地棉條品牌的販售、流通以及對初學者友善的導管棉條並沒有受到很大的重視。凡妮莎對於推廣生理用品的努力多半是被描繪成女性消費市場創業的成功範例，在二〇一〇年的網路新聞中，棉條甚至不會使人想到這對台灣生理用品市場有怎樣的特殊意義，而是跟私密處除毛、陰道整形、陰道獨白共同放在「私處財大方賺」的財經專題裡[33]。是的，台灣人口中女性占一半，女性會買單的市場，引人遐想這是一片廣大的藍海，前景看好。

直到現在，布衛生棉、棉條、月亮杯、吸血內褲等產品陸續推出，這些生理用品的獨立品牌強調各自不同的使用體驗，不僅拉開產品差異，也用不同的方式呼籲女性要善待、重視自己的生理期。廠商的投入也使月經科技的進展得到更多重視，這些產品在市面上持續流通、推出新品，在網路上也越來越容易可以找到使用者分享經驗，這些多元生理用品近十年的發展，也連帶影響現有主流衛生棉產品的改良，液體衛生棉便一洗「衛生棉」這個產品本身悶熱潮濕的印象。

回顧跟女性科技有關的產品研發，不外乎會使人想到家事科技的推陳出新——

洗脫烘滾筒洗衣機、掃地機器人、微波爐、洗碗機等家電發明及改良，改變了家庭主婦做家事的方式跟勞動時間。但是女人的時間並不只屬於育兒及家事清潔，家事科技並沒有改變女人依舊是主要的家事操持者這個角色：人們想像女性打掃家裡可以更輕鬆，那麼她應該要把家裡打掃得更乾淨[34]。女性的需求並沒有得到顯著的重視，特別是女性的生理——月經，從初經開始，到每個月經期來臨，有的女人歷經懷孕及生產，又回到每個月來經期的規律中，直到更年期停經為止，在她一生三、四十年都不斷經歷著月經的周期循環，那麼她想要做的事、想要去的地方，是否會因為經期不適，阻礙了她的行動？

美國國家公共廣播電台（NPR）在二〇一五年最後一天回顧當年的重大事件時，稱此年是「月經之年」[35]。根據美國國家公共廣播電台的資料，二〇一〇年至二〇一五年，五家美國全國報紙通路，提及「月經」（menstruation）的次數從四十七次提升到一百六十七次。美國《新聞週刊》（*Newsweek*）亦稱二〇一五年是月事革命年[36]，月經禁忌開始成為重要的話題，人們熱烈討論：經血到底是神聖還是不淨的？公開討論月經是否會帶來不適？女人經期的不適，到底是個人的小問題，還是某些結構性的社會問題隱蔽不顯，缺乏革命性的變革？

當年三月，印度裔加拿大詩人露比．考爾（Rupi Kaur）在 Instagram 發文，貼了一系列女子月經來的照片，只因兩腿間經血外漏、或者褲子背面露出血液的紅色，而屢遭 Instagram 官方刪除；四月倫敦馬拉松選手琪蘭．甘地參賽過程中沒有使用任何生理用品，任由經血流出，引起輿論關注；當年六月，加拿大月亮杯品牌 Diva cup 才在美國藥妝店連鎖企業 CVS 藥局上市，在此之前許多美國女性很難在幅員廣大的美國國土中，找到有販售的門市，只能網路購買。

在一次受訪中琪蘭．甘地提到，每年都會推出新型蘋果手機，但是兩百年來只有三項生理用品問世：

- 一八八八年　可拋棄衛生棉（有黏膠的衛生棉則是在一九七〇年代問世）
- 一九三〇年代　棉條
- 一九八〇年代　月亮杯（一九三〇年代初次問世，直到一九八〇年代開始在市場流通）

生理用品的改良速度為何這麼慢？她所質疑的是，太少人投入女性科技的研發，普遍把女性的生活不便跟意見，視為個人抱怨或者不夠重要。生理用品的改良速度遲滯——生理用品的研發跟創新，甚至不被視為科技。進一步說，滿足女性更細緻的需求也不被認為是重要的，甚至無利可圖；而詩人露比．考爾在Instagram發文又被鎖帳號，則突顯的是月經的不可見跟污名。

關於女性科技的討論，應該要更注重怎麼改變女人的生活。因此質問經期的不適，不是應該理所當然嗎？在不可能用意志控制身體的情況下，有沒有產品能夠解決經血流量不定跟外漏的問題？怎麼依據自己的行程及經血流量，決定使用哪些適合的生理用品？放入身體的生理用品，有哪些需要注意的衛生常識跟身體知識？一旦這些問題被問出，問題就不在於女性天生就是要因為經期受苦（有些人似乎特別幸運順遂，而有些人就是每個月都要過得坎坷不順），是女性的生理用品選擇不夠多，沒有真正解決女性的需求，才造成女性在經期中的困境。

月經科技的研發、製造及推廣使用，看見女性的不便，同時也不斷在拉高對於女性身體的合理對待標準。在往後的十年、二十年間，台灣女性是否有機會達到月經富裕，或者是月經自由？女性能否不再因月經，被迫把許多事情擺在次一位？希望有月經這件事，不再給未來的台灣女性帶來那麼大的挫折，不再需要隱藏月經，不再因為月經而限制移動跟實現目標的自由。

當我們開始這樣想時，事情才會有轉機。

32 鄭郁萌，〈【私密商機】棉條一圓正妹創業夢〉，《壹週刊》481期，2010.08.12。

33 壹週刊財經專題，〈私處財大方賺〉，2010.08.12，檢索日期：2021.11.20，網址：https://tw.nextmgz.com/realtimenews/news/32728213。

34 魯絲．史瓦茲．柯望（Ruth Schwartz Cowan），〈家庭中的工業革命 20世紀的家戶科技與社會變遷〉，《科技渴望性別》（台北：群學出版，2004）。

35 MALAKA GHARIB，Why 2015 Was The Year Of The Period, And We Don't Mean Punctuation，檢索日期：2021.11.5，網址：https://www.npr.org/sections/health-shots/2015/12/31/460726461/why-2015-was-the-year-of-the-period-and-we-dont-mean-punctuation。

36 ABIGAIL JONES，The Fight to End Period Shaming Is Going Mainstream，檢索日期：2021.11.10，網址：https://www.newsweek.com/2016/04/29/womens-periods-menstruation-tampons-pads-449833.html

致謝

一本書的生成必須感謝很多人。特別感謝對於我們來說亦師亦友的凡妮莎，如果不是你推坑我們進「月事界」，我們不會一頭栽入這個產業，並且起心動念要記錄台灣生理用品研發的過程。

感謝本書的主要撰述者陳怡君，為我們提供許多學術背景知識脈絡，幫助我們更加深化月事科技的意義，若沒有你的爬梳與架構，徹夜不眠地採訪、討論、撰寫，這本書不會如此富有深意。也感謝促成書籍誕生的編輯陳怡慈，沒有妳的熱情和認同，這本書沒有辦法順利。以及攝影師洪翊裕，製作團隊中有生理男性的參與，提供了不同的記錄視角。

感謝同在這個團隊成員麥麥、大澤、小易，以及貝殼放大的林小義，陪伴我們見證這本書的誕生，給予不同程度的支援。

最後感謝所有受訪者，以及曾經協助本書的相關工作者，這本書集結眾人之力才能出版，我們深感無比幸運。

僅將這本書獻給所有台灣女性。

從零開始打造月經平權

從使用者到創業家，台灣第一本生理用品發展紀錄

作者／谷慕慕 GoMoond
責任編輯／陳怡慈
美術設計／朱疋
攝影／里昂紅攝影工作室（第 32-33、47-55、66-67、70、76、81、94-97、99、102-103、106、119、128、131-134、145-148、151 右、152-162、166 頁）

圖片來源／谷慕慕（第 63-64、69、108、115-116、123-125、140-141、165、171 下、172-188 頁）、凱娜（第 72-73、112 頁）、iStock（第 4-23、34-42、56、79、82-84、92、98、100-101、104-105、111、117、122、130、139、142-143、151 左、170-171 頁）

出版／大塊文化出版股份有限公司
台北市 10550 南京東路四段 25 號 11 樓
電子信箱／ www.locuspublishing.com
服務專線／ 0800-006-689
電話／（02）8712-3898
傳真／（02）8712-3897
郵撥帳號／ 1895-5675
戶名／大塊文化出版股份有限公司

法律顧問／董安丹律師、顧慕堯律師

總經銷／大和書報圖書股份有限公司
地址／新北市新莊區五工五路 2 號
電話／（02）8990-2588 傳真：(02)22901658

製版／中原造像股份有限公司

初版一刷／ 2022 年 3 月
定　　價／新台幣 520 元
ISBN ／ 978-626-7118-02-3

CIP

從零開始打造月經平權：從使用者到創業家，台灣第一本生理用品發展紀錄 / 谷慕慕著. -- 初版. -- 臺北市：大塊文化出版股份有限公司, 2022.03　面；　公分. -- (catch ; 279)
ISBN 978-626-7118-02-3(平裝)
1.CST: 日用品業 2.CST: 產品設計 3.CST: 月經
489.81　111000704